万钫育儿

万 钫 著

中国少年儿童新闻出版总社
中国少年兒童出版社
北 京

图书在版编目（CIP）数据

万钫育儿 / 万钫著. — 北京 ：中国少年儿童出版社，2016.4
ISBN 978-7-5148-3019-4

Ⅰ. ①万… Ⅱ. ①万… Ⅲ. ①婴幼儿－哺育－基本知识 Ⅳ. ①TS976.31

中国版本图书馆CIP数据核字(2016)第041821号

WANFANG YUER

出版发行：中国少年儿童新闻出版总社
中国少年儿童出版社

出 版 人：李学谦
执行出版人：张晓楠

策　　划：张　楠　　审　　读：林　栋　聂　冰
责任编辑：李慧远　徐懿如　　美术编辑：姜　楠　张　颖
责任校对：华　清　　责任印务：刘　潋

社　　址：北京市朝阳区建国门外大街丙12号　　邮政编码：100022
总 编 室：010-57526071　　传　　真：010-57526075
发 行 部：010-57526201　010-57526231
网　　址：www.ccppg.cn　　电子邮箱：zbs@ccppg.com.cn

印刷：北京利丰雅高长城印刷有限公司

开本：787×1092　1/16　　印张：17.5
2016年4月第1版　　2016年4月北京第1次印刷
字数：438千字　　印数：10000册

ISBN 978-7-5148-3019-4　　定价：39.00元

万钫教授出身于医学世家，父兄都是资深有成就的医生。她本人亦于20世纪60年代毕业于北京医学院。毕业后先后在西安医学院、天津儿童医院做儿科医生近20年。随后调至北京师范大学学前教育专业任教，担任“学前卫生学”“优生学”“学校卫生学”等科目教师20余年。由于她有深厚的医学理论基础和丰富的临床经验，她的教学效果极佳，受到学生们的一致好评。

万钫教授在教学的同时，一直坚持进行科学研究，在国内开创了婴幼儿健康教育研究的新领域。其科研作风认真、严谨，成果显著。她除了出版专著，发表科研论文外，在面向全社会开展婴幼儿健康教育方面，也花费了很多心血。她在参与许多家庭教育咨询的同时，还以家长为对象，撰写了大量知识科学、语言通俗易懂的育儿文章。《万钫育儿》文集，就是万钫教授从1985年中国少年儿童出版社《婴儿画报》创刊至今的30年中，不间断地为该刊的副刊《妈妈信箱》和《幼儿画报》副刊《时尚好妈咪》中的《科学饮食》专栏撰写的有关促进婴幼儿健康成长的系列文章。在这些文章中，既有普及科学育儿的理论与知识，亦有针对家长育儿过程中遇到的棘手问题的解答和指导。我拜读过她的一些文章，觉得她所撰写的文章具有以下几个特点。

理论密切联系实际

本文集所载的文章，是科学育儿文章中的小品文，短小精悍，深入浅出地阐述养育婴幼儿的理论和知识，用实例去诠释育儿方法的理论依据，让老少育儿者能“知其然”,也能“知其所以然”。如《新生宝宝,怪事多多》一文中，在生动形象地描述新生儿的体型、四肢、头发、眼睛、鼻子、牙龈、乳房、呼吸、大小便、胎痣等方面的发育特点的同时，逐项指出护理要点，让初为父母的人，既了解新生儿的发育过程，也掌握正确护理的方法。

内容全面、实用

本文集的选题，既包括婴幼儿健康成长所需日常护理、膳食营养、常见疾病的预防与治疗等方面的理论和知识，也包括家庭育儿常遇到的困惑问题，内容全面、具体，涵盖了婴幼儿养育方方面面的需要。本书还独具特色地论述了“四季健康”“四季饮食”，指出不同季节的不同护理要点，不同季节婴幼儿在饮食方面的不同需求，给予家长极为具体的指导，有利于提高婴幼儿科学养育的水平。

语言易懂、易记

本文集的性质决定内容的知识性强，但却没有枯燥的说理，而是用轻松的口吻，生动活泼、通俗易懂的语言，在短文中传授育儿的“大道理”。如《三招“盘点”宝宝健康》《帮新生宝宝安渡“温度关”“感染关”》《一不留神，带出个胖宝宝》。具有新时期语言特色的《眨眼 VS 挤眼》《食品搅拌机 PK 牙齿》《说说听力“不等式”》等具有新意的题目，也带给家长轻松、愉快的阅读体验。在文章讲到大白菜的营养时，作者巧妙引用齐白石曾在白菜画上的题字“牡丹为花之王，荔枝为果之先，独不论白菜为蔬之王，何也？”用名人的话语让家长认识白菜价值的同时，又用简练的语言把白菜的营养概括为“占了一个‘全’字，突出一个‘钾’字，亮出一个‘锌’字，比出一个‘优’字”。生动形象地点出了白菜的营养成分，扣题为《别冷落了大白菜》。

生理、医药、心理与教育相得益彰

撰写科学育儿知识的文章，与婴幼儿生理现象及医药知识密不可分，极易写成单纯生理卫生性质的文章，但本文集却不只是单纯的生理卫生知识传授。在婴幼儿成长过程中，保护其生命安全和培养其安全意识属头等大事。在本文集中有《安全第一》的章节，给新手父母提示在保护孩子安全方面应注意的细节。婴幼儿受高级神经系统发展水平的限制，其心理发展尚属低级阶段，文集中的《心理呵护》方面的文章，指导家长用正确的引导方式，维护其心理健康。文集中还有关注婴幼儿饮食习惯培养的文章。习惯虽属教育培养的范畴，但其重要性可与饮食营养并驾齐驱，能影响孩子的终生。

万钫教授已于 2015 年 8 月因病医治无效，离开了我们。她患病期间仍然撰写稿件，已完成至《婴儿画报》《幼儿画报》两刊 2016 年 10 月用稿。她的遗作还将继续与家长见面。感谢中国少年儿童新闻出版总社决定将其 30 年来的科学育儿文章结集出版，以此纪念万钫教授终生为儿童健康教育所做出的贡献。我祈望万钫教授留下的宝贵财富，永远造福于子孙后代。

祝士媛
2016 年 1 月

第一部分 悉心护理

第四章 健康食疗 136

第五章 饮食习惯 163

第三部分 常见疾病

第一部分

悉心护理

娇嫩的宝宝，需要我们悉心呵护。尤其是新生宝宝，是不是让我们手忙脚乱？健康监测、身体清洁、睡眠、大小便、不同季节的护理、生病时的特殊护理……几乎每一个生活细节都需要我们细心对待。

一起来了解相关的知识和技巧。

第一章 日常护理

新生宝宝，怪事多多

宝宝从医院回家了。初为人父、人母，围着小床看不够。在兴奋之余，又产生了几分困惑，难免嘀咕上了：宝宝这头，整个一个椭圆形。眼泡有点肿，看不出来是双眼皮还是单眼皮。睁眼了，怎么一只眼朝左看，另一只眼朝右看？啊，怎么又变成“斗鸡眼”了？这鼻子像粒小扣子，没鼻梁，鼻子上面还散布着一些黄白色的小点，有些滑稽。头大、“没脖子”；胳膊、腿蜷着，小腿还有点弯，要不要捆腿呀？怎么看不出宝宝的胸脯在一起一伏？喘气别是有毛病吧……

是啊，虽说婴儿一降生已经是“麻雀虽小，五脏俱全”了，但是，新生宝宝并不是“小大人”，用看惯了大人的眼光来看新生宝宝，确实“怪事”多多。那就让我们一同来认识一下新生宝宝的特点，因为了解宝宝的身体特点是科学育儿的基础。

体型特殊

胎儿时期，宝宝脑部优先发育，其次是躯干，发育最慢的是四肢。所以，新生儿的体型是头大、躯干较长、四肢相对短小。此时宝宝头沉，颈部无力支撑头部，抱的时候要注意托住头。头形难看，是因为挣扎出世时被挤压的，以后会逐渐恢复。

四肢蜷曲

新生儿四肢屈肌的力量大于伸肌，故呈蜷曲状。随着月龄增加，屈、伸肌的力量逐渐平衡，胳膊、腿就伸展开了。故此时小腿有些内弯是正常的，不是“罗圈腿”。家长不必担心，更不用把小腿拉开，再用襁褓捆紧。

头发多与少

有的宝宝头发又黑又密，有的宝宝头发非常稀疏。但头发再少，也不是“秃发症”，不用频繁剃发。胎发不久会脱落，换成新发，而且胎发的多或少，并不预示着宝宝日后头发的稀或密。

左顾右盼

眼球受眼肌的牵动而产生运动。新生宝宝眼肌的运动还不协调，需要时间进行磨合，很可能出现“左顾右盼”的现象。不过，值得注意的是，挂在小床上的玩具宜在 20 厘米以外，别离宝宝的头部太近。

鼻部小点

鼻子上黄白色的小点是皮脂腺里堆积的皮脂，渐渐会消退。可别把它当成脓点，不要挑破或敷药。

马牙

新生儿的牙龈上如果长了一些黄白色的小颗粒（俗称“马牙”）是正常的。别擦、别挑马牙，以免发生感染。长马牙，不会影响以后出牙，慢慢马牙会自行脱落。

乳房肿胀

出生后一周左右，男婴或女婴都有可能出现乳房肿胀并有少量乳汁分泌的情况，这是来自母体的激素被中断所致。别挤乳房，以免弄破皮肤，造成感染。一般情况下新生儿乳房肿胀经过两三周后可自行消退。

腹式呼吸

新生儿在呼吸时，胸脯的起伏不明显。计数呼吸，要观察腹部的起伏，一起一伏，算 1 次呼吸。每分钟呼吸 40~44 次为正常，比成人快得多。

黑色便、红色尿

婴儿刚出生排出的胎便为墨绿色，若水摄入不足，尿酸盐结晶可将尿布染红。喂奶后，经三四天胎便应转成黄色粪便。发现尿布染红，应适量喂水。

睾丸可能未到位

婴儿出生后，一侧或两侧睾丸未降入阴囊内，称为隐睾。可等待睾丸自动到位，但等待是有限度的。如果八九个月了，阴囊内仍是空空的，应去找医生。

胎生青痣

新生儿于背、臀等处，可能有青痣，这是正常的。有的青痣会随着岁月流逝而逐渐消退。以此为“记号”，并不都可靠。

帮新生宝宝安渡“温度关”“感染关”

呱呱坠地的哭声，宣告了小生命的问世。宝宝在降生的瞬间，无论生存方式还是生活环境都发生了巨变。

胎儿生活在37℃恒温的子宫内，降生后需要相对恒定的适宜温度，才能渡过“温度关”，不至于受冷，受热。胎儿基本生活在无菌的环境中，又有母体的免疫系统作为屏障。出生后，皮肤、呼吸道、消化道等会接触细菌、病毒，而新生儿自身的免疫系统十分脆弱，需要得到精心的呵护，才能渡过“感染关”。

温度关

当宝宝降生在寒冷季节时，室内温度能维持在22℃~25℃，对新生儿来说最为适宜。如果达不到22℃，就要加强保暖。如果发现新生儿的体温达不到36℃，显得特别“乖”，不喝奶也不哭闹，这可比发烧还严重，很可能是因为保暖不足引起的“新生儿硬肿症”，是生了大病。

虽然要注意保暖，但也要防止过热。按旧风俗，产妇坐月子得“捂”，不分季节，头戴帽或包头，身着厚衣，门窗紧闭，结果暑天坐月子的产妇常会中暑，新生儿也因为环境温度高再加上过分保暖，被“捂”出病来。

新生儿在出生后一周左右，体内水分丢失得多，而此时母乳还不充裕，所以摄入的水分少，“入不敷出”，如果再加上保暖过度，很可能发生“新生儿脱水热”，表现为发高烧、尿少、皮肤干红、囟门塌陷，得赶紧治疗。

由于新生儿的体温调节中枢还未发育成熟，环境温度是否适宜，直接关系着宝宝的健康。护理新生儿，既要注意保暖，又要防止过热。

感染关

洗澡，不仅能除去皮肤上的污垢，还可以顺便全面检查一下皮肤，特别是受压的肩、臀等处，有无异常，即便只是长了小疮或一小块皮肤特别红，一碰到就哭，也要早治。

头一次给宝宝洗澡可得给宝宝留下个好印象。如果水烫、水凉；水淹了眼睛，进了耳朵；被大人手上的戒指划伤了皮肤；洗完了，没有及时擦干并包好或穿好，冻得打喷嚏……以后没准宝宝一洗澡就哭闹、打挺。

洗澡非小事，对室温（26℃左右为宜）、水温（38℃~40℃为宜）和洗澡的程序都要有一定之规。大人要剪短指甲，摘掉手表、戒指，把一切要用的东西都准备好（大浴巾、小毛巾、棉签、爽身粉、干净衣服、纸尿裤等），把水温调合适了，再给宝宝脱衣服。脐带未脱落前，上身、下身分着洗。

洗的顺序：洗脸（用小毛巾从眼角内侧向外轻拭双眼，再洗脸和耳后）。洗头（用手将新生儿的耳廓向内折，盖住外耳道口；洗囟门时，手指平放，动作轻；洗完用干毛巾吸干）。洗上身（注意洗脖子、腋下）。洗下身（注意洗大腿根）。

洗好之后，用大浴巾把宝宝身上的水吸干，将爽身粉抹在宝宝的脖子、腋下、大腿根等处；用棉签把进入外耳道及耳后沟的水吸干；若脐带已脱落，用棉签把脐窝的水吸干，换上干净的衣服和纸尿裤。

小贴士

保护脐带

正常情况下，脐带残端在宝宝出生后1~3天中逐渐干缩，变成黑色的条索，约1周左右残端脱落，落下一个小肚脐。在残端脱落前，最重要的是保持脐部干净、干燥。每天2次，用消毒棉签蘸75%医用酒精，消毒脐部。给宝宝洗澡时，上身、下身分着洗，别弄湿了脐部。包裹纸尿裤时注意让出脐部，以免脐部被大小便弄脏。

凹凹凸凸小肚脐

残端脱落，并非“没事了”

虽然露在外面的脐带残端干瘪脱落了，但是肚脐里面，体内的脐部血管要经过 3~4 周才能闭合。也就是说，宝宝在满月之前，脐部还留有“伤口”，仍需严防“病从脐入”。

护理的要点：

⑴ 脐带脱落后，脐部会留有一层痂皮，痂皮会自然脱落，不要去揭它。

⑵ 如果发现脐部潮湿或有少许液体渗出，要做消毒处理。消毒时，左手拇指和食指把脐窝撑开暴露脐根，右手用蘸有 75% 医用酒精的棉签在脐窝处，由内向外，呈螺旋形地消毒，直至脐窝外皮肤约 2 厘米的范围。切勿来回乱擦，否则越擦越脏，反而会把周围皮肤上的细菌带到脐部。

⑶ 不要用龙胆紫（俗称“紫药水”）涂脐部。如果用龙胆紫消毒脐部，会影响对脐部感染情况的观察；如果有脐炎，龙胆紫易使表面结痂，使里面的脓液不易排出，而加重感染。

⑷ 不要向脐窝中撒消炎粉或爽身粉。

⑸ 如果发现脐周皮肤发红，脐窝流脓有恶臭味，宝宝吃奶也差了，还发烧，这些都是发生脐炎的症状，一定要去医院早治。脐炎若不及时治疗，病菌扩散，有可能引起腹膜炎、败血症等严重的疾病。

脐部“鼓包”怎么办

有的宝宝在脐带脱落后，脐部鼓出一个包，小似蚕豆，大似核桃，这叫“脐疝”，俗称“气肚脐”。

在新生儿时期或几个月大时，静卧时“鼓包”也不会消失。再大点，静卧时“鼓包”会纳入腹腔，只是在哭闹、咳嗽、便秘等使腹压增高的情况下，包才会鼓起来。当“鼓包”消失时，在脐部可以摸到一个脐环，大多数直径在 1 厘米左右，少数脐环的直径可在 2~3 厘米。

护理“气肚脐”的要点：

⑴ 尽量避免宝宝长时间哭闹。按需喂哺，保证不会让宝宝因饥、因渴而哭闹；室内温度、湿度适宜；尿湿了及时换尿布；夏天防蚊虫叮咬，让宝宝舒舒服服。

⑵ 宝宝哭闹、咳嗽时，“鼓包”会变大，好像马上要破了，这时可以

用手指轻按“鼓包”，它就消失了。

⑶ 一般情况下，脐环直径在 1 厘米左右的，随着宝宝长大，脐环会逐渐缩小，在 1 岁左右自行愈合。

⑷ 两岁以上脐环还不愈合，或脐环直径在 2~3 厘米大，可以手术修补，还给宝宝一个漂亮的肚脐。

⑸ 不要用在脐部压硬币的方法治脐疝。

认识几种罕见的病

上面谈到的脐炎、脐疝都是常见病。下面提到的就是有关宝宝脐部十分罕见的病了。

⑴ 脐膨出。与脐疝不同，脐膨出是少见的先天畸形。表现为在脐带部位，有突出腹外的腹腔脏器，上面盖着一层透明的膜，透过这层膜能看出肠子。这种病需手术治疗。

⑵ 脐部“长流水”。脐部经常流出淡黄色似尿液的分泌物；或经常流出粪便样的分泌物，这时一定要请医生检查。患有“脐肠瘘”“脐尿管未闭”会出现脐部“长流水”的现象，属外科疾病。

早产宝宝更需精心呵护

医院为早产儿准备了温馨的“小屋”

体重不足2500克的早产儿，不仅看上去瘦小，五脏六腑也达不到足月儿那样的成熟程度。他们不会吸吮乳汁，不能适应温度、湿度多变的环境，而且肺的发育不成熟，需要更多的氧气。

医院为早产儿准备了温馨的“小屋”——暖箱，打造类似胎儿在母体内的温度、湿度环境，并供给充足的氧气。不会吸吮，就采用“鼻饲法”，把奶通过鼻腔打到胃里。

在这种特殊的“呵护”下，早产儿体重一天天增加，一天天更为成熟。终于，爸爸妈妈盼到了接宝宝回家的日子。宝宝回家的条件是体重达到2000克以上，能吸吮乳汁，不再需要吸氧，在一般的室温中能保持体温正常。

家，打造适宜的“微小气候”

小宝宝回家了，家里的环境虽然不能像医院的暖箱那样恒定，但仍然要为小宝宝打造适宜的“微小气候”，特别要注意温度和湿度。

适宜的室温。早产儿的体温调节能力差，遇上酷暑室温太高，小宝宝就可能发起烧来；遇上严冬室温太低，小宝宝的体温也会低于正常体温，极易患上“硬肿症”（体温低于36℃，皮肤发凉、变硬，吃奶困难）和肺炎。宝宝居住的房间，室温应保持在20℃~25℃之间，宝宝的体温维持在36.5℃~37℃之间。适宜的室温有助于宝宝保持“热平衡”。如果宝宝的体温达不到36.5℃，可以用热水袋（水温50℃左右，放在被子外，并经常换水，保持恒温）使宝宝暖和过来。

适宜的湿度。室内的相对湿度在50%~55%之间最好，如果太干燥了，宝宝容易患呼吸道疾病，对皮肤也不好。

居室通风。不要把居室挡得严严的，密不透风。通风可以有效地清除室内的空气污染。可以在开窗前，把宝宝抱到别的房间，通完风再抱回来。

防“负辐射”。宝宝的居室宜朝阳。小床不宜靠近外墙。冬季，外墙温度很低，如果小床靠外墙太近，宝宝体热被外墙吸去不少，容易发生“负辐射”。

为宝宝打造一个舒适的家，可避免中医所说的致病因素中的“风、寒、暑、湿、燥、火”影响宝宝的健康。

按需喂哺，听宝宝指挥

先天不足，后天补。对早产儿的喂养比足月儿更要细心、耐心。母乳是早产儿最好的营养品，所以在宝宝住院期间，妈妈要坚持定时把乳汁吸出来，别“回奶”。等小宝宝回家会自己吸吮了，如果总是吃会儿、睡会儿（因为吃奶也是挺累的活儿），那就听宝宝指挥，按需喂哺。妈妈是累点，但宝宝的体重长得快。

还有一点特别重要：先天储铁不足，后天补。足月儿在离开母体之前，储备了一定的微量元素铁，足够在出生后头三个月使用。早产儿先天储备的铁量少，再加上后天要加快生长，如果不额外补充铁，就容易发生贫血，所以要在医生的指导下，进行药补。

小贴士

用“矫正月龄”进行生长发育评价

早产儿生长发育的速度要比足月儿快，这种现象被称为“赶上生长”。但是，毕竟起点不一样。用来评价足月儿生长发育的标准，比如生长发育曲线，不能拿过来就用，否则只能比出“失落”。

那么，怎么比才恰当呢？要用“矫正月龄”来进行评比，才算公平合理。

矫正月龄=出生后月龄-(40-出生时孕周) /4

例如，孕周32周早产，现已出生后3个月。矫正月龄=3-(40-32)/4=3-2=1个月。也就是说，应该和足月儿所用生长发育曲线中的1个月的标准比。

“矫正月龄”一直用到宝宝满2岁。

解除皮肤“饥渴”——新生儿抚触

对新生宝宝的皮肤护理，不仅仅是保暖、清洁、润肤，还有抚触。

自20世纪40年代起，美国从事婴儿生理、心理研究的学者就提出：小婴儿的皮肤也会“饥渴”，不予解除，不仅会影响他们的睡眠和免疫功能，还会影响体重的增长。特别是早产儿，若通过抚触，解除了皮肤饥渴，他们会体重增长快，睡眠好，醒来情绪好，反应更为灵敏。足月新生儿，通过抚触，能更快地适应出生后的环境，夜间能睡长觉。

具体到抚触的操作，并非随意抚摸几下那么简单，要有一定的准备和手法。

抚触的注意事项

选择适当的时间。抚触宜安排在喂奶后一小时左右。当宝宝饥饿或刚吃完奶时，不宜安排抚触。

调节好室温。若在冬季，室温应与洗澡时的室温相近，以免受凉。

抚触者的准备。去掉手表、饰物，剪短指甲，手上搽少许婴儿润肤霜。而且，手要温暖。

体现爱抚。抚触不是机械的操作，而是亲情的交流。一边抚触，一边轻轻和婴儿说说话，得到满足的不仅是婴儿，还有对婴儿进行抚触的亲人。

视婴儿的月龄，抚触时间可从每次5分钟开始，逐渐延长到每次15~20分钟，每日2~3次。

抚触的手法

头部抚触。婴儿仰卧，大人用两手拇指从婴儿前额中央向两侧按摩。再用手掌从前额发际向上、向后按摩至后发际。

面部抚触。两手拇指自鼻向两侧按摩，再自下颌中央向外、向上按摩。

胸部抚触。用双手环抱婴儿胸背，用两手拇指沿肋间自中间向两侧按摩。

腹部抚触。从肚脐开始，做腹部环形按摩，由里到外。

背部抚触。婴儿俯卧。用双手手掌按摩婴儿背部，自颈部到臀部，再自臀部到颈部。婴儿未满月前，俯卧的时间不宜长。

按摩上肢。婴儿仰卧。让婴儿的左手握住大人的右手拇指，大人顺势将婴儿的左臂抬起，再用左手按摩婴儿的左臂，自手掌至肩。完成之后再按摩另一臂。

按摩下肢。婴儿仰卧。大人用右手托住婴儿的右腿，用左手自脚掌至大腿根部按摩。完成之后再按摩另一侧下肢。

手足抚触。用拇指自掌根向指（趾）端按摩。

读懂婴儿的哭和笑

对于还不会说话的婴儿来说，哭或笑就是他们的“话”。善于捕捉宝宝的笑，善于细辨宝宝的哭，便于亲子心灵沟通，知道宝宝“想说什么”。

捕捉宝宝的微笑

没满月的小婴儿，在似睡非睡中有时会有嘴角上扬的表情，这与“耸鼻”“皱眉”“努嘴”等一样，只是表情肌的演练而已。渐渐地，小婴儿在睡足、吃饱了以后常常会微笑，这是生理上的满足。敏感的父母，捕捉到这种微笑，会倍感欣慰。但这些笑，都属于“笑者无意，看者动心”。

小婴儿长到两三个月大，躺在小床里，当亲人的脸俯向他时，他会欢快地挥拳蹬腿、笑脸相迎，这种发自内心的笑，被称为“天真快乐反应”。亲人会带着微笑护理婴儿，婴儿会以微笑来回报，这是亲情互动。

婴儿贫血微笑少。无论是“缺铁性贫血”，还是因缺少叶酸、维生素 B_{12} 引起“营养性巨幼细胞性贫血”，都会出现相同的症状：表情呆板，缺少笑容。这也不难解释，贫血导致大脑缺氧，连精神都打不起来，还谈得上笑吗?

细辨婴儿的哭声

婴儿用哭声来诉说。渴了、饿了、冷了、热了、尿湿了、痒了，等等，他们都用哭声招来亲人的呵护。值得注意的是，别认为婴儿一哭就是饿了，特别是夏天，或是冬天室内温度挺高的时候，若把渴当饥，这可是喂养上的大忌。该喂水就得喂水。

细心的家长还会发现，自己的宝宝特别爱哭，或不爱哭。确实，有的宝宝特别爱哭，开灯晃眼了、关门声大了、坐婴儿车颠了，都不依不饶，还专爱在夜深人静时哭闹。这种脾气的宝宝属于“难养型”气质类型。而气质类型的差异属于先天神经类型的差异，父母千万别因为他们“闹心”而心烦起急，否则可能形成恶性循环。因为，“难养型”的宝宝对外界刺激很敏感，总处在一种戒备的心理状态，放松不下来。大人一急、一烦，宝宝就更受刺激了。带着微笑，多抱抱、多抚摸，慢慢让宝宝的神经放松下来，宝宝就不再是“磨娘精”了。

还有一种情况，有的宝宝一犯脾气就能“哭死过去”，脸变青、唇变紫、不喘气，一分钟左右才缓过来。这种情况被称为“屏气发作”或“呼吸暂停症”。从预防上说，离不开一个“哄”字，别让宝宝犯急。出现这种情况，还应该去儿科挂个号，仔细查查，万一有什么病别耽误了。

小贴士

听哭声辨病

婴儿生病，有苦难言，父母可以从哭声中辨病，特别要注意哭伴随着什么情况。

颅脑疾病

突发的、刺耳的尖声哭叫。婴儿用这种音调高、单调、声急的哭声告诉父母：我头痛极了。往往还伴有喷射性呕吐、囟门隆起的症状。十万火急！

化脓性中耳炎

中耳积脓，婴儿因耳疼，不仅一阵阵啼哭，还常伴有频频摇头，用手抓耳朵等异常表现。

骨折或脱臼

婴儿躺着时不哭，一抱起或碰到某个部位时立即哭闹，表情痛苦。

长口疮

婴儿因饥饿而啼哭，但奶头放进口中，不是用力吸吮，而是松开奶头继续啼哭。如果反复验证，均有相同的表现，表明嘴疼。

肛门裂

便秘，使足了劲儿拉出的屎像羊粪蛋，而且边排便边哭闹。

照顾不同气质类型的宝宝

由于先天神经类型的差异，宝宝一出世，就会显出独特的行为风格：有的宝宝不仅好哭，而且哭起来还挥拳蹬腿，显得脾气挺大；有的不好哭，就是哭也显得好脾气；有的好动，给他洗澡，他给你来个“鲤鱼打挺”，差点没从大人的手上滑出去；有的好静，醒了不吭声，自己躺着……这些与生俱来的“行为风格”就是“气质”，老一辈人管这叫“天性”。

心理学家通过观察婴儿的活动程度、对刺激的反应程度、生活环节规律形成的难易程度等九个“维度”，综合判断婴儿的气质，并从养育的角度把婴儿的气质分为“难抚育型”“易抚育型”和“缓慢型”（当然，现实生活中，一个孩子一个样，只能说比较像哪种气质类型而已）。

难抚育型

爱哭，易躁，易怒。主要的生活环节，如吃、喝、拉、撒、睡都没准儿。最麻烦的是“白天睡，夜里精神”，对外界刺激敏感，反应强烈，拒绝各种变化（比如转奶、加辅食、断奶、入托等，常不顺利），稍不顺心就能脾气发作。于是，从他们父母的嘴里常会冒出“牛脾气”“磨人”之类的抱怨，父母也易烦，易怒，甚至动手。

缓慢型

这一类型的宝宝，其行为模式可以用“慢吞吞”三个字来概括，什么事儿都不着急：尿了能忍着，醒了自己玩会儿小手，对环境中的强光、噪声并不太介意，仍能熟睡。醒着时，对周围环境的变化，不那么好奇。算得上“省事”“好带”。但是，渐渐父母可能会发现，他们的动作发育慢，开口说话晚。这并非他们的脑子有问题，只是总比别的孩子“慢半拍”。

易抚育型

宝宝的吃、喝、拉、撒、睡有规律，对新的变化适应较快。情绪好，一逗就乐，还天天长本事。“打小没费事”，是他们父母嘴上常说的一句话。

心理学家提出上述的气质分型，并非是给宝宝排出优、良、差的座次，而是希望父母能认识到孩子的“天性”，接纳孩子的“天性”，进而创造出与其“天性”相匹配的育儿艺术。无论宝宝是什么“脾气”，都要从心灵深处悦纳他们。别因为他们“闹人”，就心烦气躁；也别因为他们“乖”，就忽略了对他们的关注。摸清宝宝的气质，扬长避短，使他们个性中的“闪光点”得到发扬，天天生活在快乐之中。

如果宝宝表现出较多的“难抚育型”的特点，对两三个月的宝宝来说，最重要的是尽早让宝宝的生活环节形成规律。针对宝宝易受干扰的特点，要给宝宝安排个舒适的“安乐窝”。饿了就喂，每顿都让他吃饱；勤换纸尿裤；洗澡前帮宝宝做做“抚触”；抽空做几节“婴儿被动体操”，使宝宝好动的天性得到发扬；针对宝宝“喜旧厌新”的特点，不管什么事，早点做准备，比如添加辅食之前，让宝宝先熟悉一下用具，给添加辅食做些准备。可别低估了宝宝的“固执”，曾听一位妈妈说，她有一次理发，改变了自己的发型，两个月的女儿“不认”她了，拒绝吃她的奶。

对于“缓慢型”的宝宝来说，他们既不像“难抚育型”那样不甘寂寞，大哭大叫，非弄得大人为他操心不可，又不像“易抚育型”那样，亲人的脸一俯向小床，就高兴得手舞足蹈，招来更多的疼爱。从智力开发的角度来说，他们有点“吃亏”，容易被忽视。如果宝宝有那么点“慢吞吞”的意思，可别怠慢了宝宝，要主动去检查他的尿布是不是湿了，白天常和他“聊聊天”，给他做“婴儿被动体操”（配以节奏明快的乐曲），有空就抱抱他。

对“易抚育型”的宝宝，父母育儿的担子也不轻，因为“气质”只是构成性格的一个因素，好的性格还要靠后天培养。

为婴儿打造“环保”家居环境

适宜的“微小气候”

几堵墙围成了“家”,也围出了有别于室外大气候的“微小气候”。一天当中，要数不会主动外出的宝宝在室内待的时间最长了。适宜的“微小气候”，有助于宝宝健康成长。

保持适宜的室温。婴儿对冷、热的生理适应能力不如大人，容易着凉，也容易受热。适宜的室温有利于婴儿保持“热平衡”。寒冷季节婴儿居室的室温以 18℃ ~20℃为宜，夏季以 26℃ ~29℃为宜。

空气湿度问题也不容忽视。冬季，室内相对湿度不宜小于 35%，相对湿度太低，婴儿会口干舌燥，易咳嗽，易流鼻血。夏季，相对湿度不宜大于 70%，湿度太大，妨碍汗液蒸发，产热大于散热，体温就会上去。有的宝宝在暑天高热不退，直到秋凉方愈，称为“暑热症”。

注意空气流通。夏天，保持室内空气流通可防暑降温，但别让风直接吹着孩子。冬天，也要在保暖的前提下，让室内的空气有“流动”的时候，这样可以有效地消除污染物。

减少室内污染

婴儿体内免疫球蛋白水平低，解毒系统尚未成熟，是病菌、有毒物质的“易感者”，属“高危人群”。

警惕装修带来的污染。室内空气污染主要来自住房装饰建材、油漆涂料以及吸烟产生的烟雾等。如果要装修房子，为了宝宝的健康，就要多一份谨慎，选无毒的，至少是毒性小的装饰材料，而且需要在彻底通风一段时间之后才能入住。

请勿吸烟。说到吸烟，这是家庭中的一大公害。生活在城市，室外的空气已经不新鲜，如果有人再在家里吸烟，那么宝宝的生存环境就太恶劣了。被动吸烟者吸入的烟雾包括两方面，既有主动吸烟者呼出的烟雾（称主烟雾），又有香烟燃烧端燃烧不全形成的烟雾（称侧烟雾）。侧烟雾中含有更高浓度的有毒和致癌物质，如苯、二甲苯、尼古丁、丙烯醛等。

被动吸烟的婴儿，健康被一点一点吞噬。婴儿暴露在烟雾中，呼吸道的自净功能被破坏，干燥、污浊的空气未经“清洁、湿润、加温”，就直奔肺脏。烟雾“佐餐”，婴儿易出现恶心、呕吐、厌食的状况，会莫名地哭闹不安。肺功能差影响气体交换量，消化功能紊乱的后果是营养不良，营养不良伴随的贫血更加重了缺氧，脑受害必不可免。

“在无烟环境中长大”，这是每个孩子应该享受的基本权利。

救救孩子的耳朵

噪声也是一种污染。在家庭中，噪声在 50 分贝以下，是较安静的正常环境。60 分贝以上的噪声持续不断，就会影响人们的睡眠、情绪和食欲。生活在 80 分贝以上的环境中，就会出现噪音性耳聋。以上仅仅只是对成人而言，那么对听觉器官还稚嫩得很的婴儿呢?

对婴儿来说，从电视机、音响设备等发出的，大人觉得舒服、过瘾的音量就是“震耳欲聋”的噪声，更何况搓麻将、甩扑克的喧闹声，大人之间高八度的争吵声，连大人都觉得吵的“发声”玩具的声音……

助力宝宝爬行

掌握了爬这个本事，婴儿赢得了随意移动身体的自由，使活动范围由点到面，得到的甜头是能主动去接近目标，能四处探索。婴儿的好奇心、探索欲得到了更多的满足，也得到了更多的喜悦。

爬是全身运动，要抬头、挺胸、抬腰，用手臂支撑身体，下肢还需协调以保持平衡。颈、背、腰、腿的肌肉有劲了，就为直立行走打下了好的基础，那些越过爬就走的孩子，往往喜欢踮着脚尖往前冲，容易摔跤。

爬的时候能产生一种“运动感觉”，是脑细胞发育的“养料”。

另外，婴儿爬行的时候，需要从大人那里得到“是否安全”的信号，看到大人微笑的表情，听到鼓励的声音，宝宝就知道可以大胆向前，否则会停止前进，寻求大人的保护。这种交往也是一种锻炼，锻炼多了，婴儿的社会适应能力就会从中得到发展。

我们可以做一些事情来帮助宝宝的爬行。未满月之前，每天在还没喂奶的时候，让宝宝在床上趴几秒钟，头偏向一侧，露出口鼻。满月的时候，宝宝就能把头稍稍抬离床面了。半岁左右，大人躺在床上，让宝宝跪在身侧，手扶着大人的身体，练练腰部的支撑能力。六七个月就可以练习“抵足爬行”了，大人用手抵住宝宝的脚掌，帮他使上劲儿。

“爱动”的宝宝更健康

生命在于运动。母腹中的胎儿，长到一定月份，就会伸伸胳膊、踢踢腿、扭扭身子。这些胎动表达的是：我好着呢。出生了，有的宝宝却没那么自由了。因为怕受伤、怕弄脏衣服等原因，其运动的权利，被“小心呵护”给剥夺了。

运动是笔不可缺少的健康投资，看各类专家如何诠释“生命在于运动”吧。

心理学家说：越动越聪明

不少人有一种错误的观念：“四肢发达，头脑简单”，认为宝宝喜欢搭积木、捏橡皮泥、涂鸦才聪明，喜欢爬来爬去、走走跑跑、攀上滑下，是“傻玩”。正确的观念应该是：“四肢发达，头脑并不简单”。因为一举手、一投足，都是大脑支配的，婴儿大肌肉运动水平的高低，是衡量大脑成熟度的一个重要指标，也是智力测查的重要内容。

儿童保健专家指出：光吃不运动，个子可长不高

0~2 岁是宝宝出生后第一个“蹿个儿”的阶段。营养和运动是帮助宝宝“蹿个儿”的两件宝。如果营养足了，但很少运动，容易不往高长，往横里长。运动产生的机械刺激，使下肢骨骼产生反作用力，促使骨的长度增加，骨密度加大。

户外运动，紫外线照射到皮肤上，制造出维生素 D。维生素 D 好比运输工具，把血钙运送到骨骼里去。红外线使毛细血管扩张，毛细血管好比“潺潺小溪”，把养料输送给脑下垂体，使它能更多地分泌生长激素。

运动医学专家说：从小爱运动，可以打造出平衡高手

人们在形容耳朵的功能时，把它比喻为“带平衡仪的收音机”。“平衡仪”指的是内耳里的前庭和半规管，专门感受头部的位置、人体的姿势和运动情况。“平衡仪”把这些信号传给大脑专门司理平衡的中心，并下达命令给眼、肌肉、

关节和小脑，共同维持身体的平衡。

从小爱运动的孩子，不怕颠簸，远离“晕动病”；从小爱运动的孩子，自我保护的能力强，被绊着或身体失去平衡时，不容易受伤，比“抱大的孩子”安全系数高。

免疫学家强调：运动可以加固免疫屏障，胜过补药

现代免疫学格外重视氧自由基对人体免疫力的破坏作用，并探讨各种可以清除氧自由基的方法。氧自由基，是人体在利用氧气的过程中，不可避免地产生出的有害物质。“产生”与“清除”达到平衡，才能维持健康。

适度的运动可以清除氧自由基，增强人体的免疫力。如果平日很少运动，集中在一天让孩子玩得昏天黑地，几天也缓不过劲儿来，只会增加氧自由基的数量，削弱免疫力。

古代名医华佗认为：血脉流通，病不得生

现代生理学的研究证实：人体处于静态时，全身的毛细血管网只有不足10% 开放。处于动态时，几乎全部的毛细血管网都开放，把营养物质、氧气、免疫细胞，输送到各个角落。这也就是“血脉流通，病不得生”的道理。

化为行动

不给新生宝宝用“蜡烛包”捆腿。

没满月，洗澡前给婴儿做做抚触。

满月后，喂奶前让婴儿练会儿趴。

会坐，别久坐。每天做婴儿体操。

半岁，让婴儿学爬，健身又益智。

教宝宝走，别请“学步车”帮忙。

跑、跳、攀、荡、掷，量力而为。

学游泳，从什么时候开始都不早。

家长自己运动，带动孩子去运动。

呵护宝宝的头发

新生宝宝，头发稀疏，用不用剃“满月头”呢？宝宝有“枕秃”，是不是缺钙呢？宝宝“护头”，不让洗头，不让理发，怎么办？

出现“童秃”，不必担心

胎儿在五六个月大的时候，全身还有着浓密的胎毛，以后胎毛逐渐脱落。如果在胎毛脱落时，头发也脱落过多，出生时就会头发稀少，连眉毛和眼睫毛也很少，这种现象叫“童秃”。

新生儿，头发无论浓密还是稀疏，都还是胎发，以后要全部更新。一般到两岁左右，只要营养够，都会生出一头浓密的头发来。所以刚出生时，宝宝之间头发或稀或密，相差甚远，但到幼儿园时，小朋友之间的差别就很小了。

出现“童秃”，不必担心。有些老招儿，比如剃头和涂生姜，有些新招儿，比如涂抹药物，都没必要。因为既起不了什么作用，也有损伤头皮的危险。耐心等等，现状一定会改观。

出现“枕秃”，别认定是“缺钙”

宝宝枕部的头发寥寥无几，从远处看更显眼，呈现一条白色的宽带，叫“枕秃”。虽然枕秃是患佝偻病的一个症状，但是不等于出现枕秃就一定是佝偻病，更何况，患佝偻病首先要补的是维生素 D，否则光补钙，钙也吸收不好。

婴儿枕秃，缘于多汗。小宝宝整日躺着，汗多，头皮刺痒，只能左右转动头来蹭痒。周围发出什么声音，宝宝也会转动头来寻找声源。枕部与枕头反复摩擦，就磨出了枕秃。若担心宝宝有佝偻病，可以去做个健康查体。平日，抱宝宝到户外晒晒太阳，无论是喂母乳还是喂配方奶粉，含钙量都不少。若盲目给宝宝补钙，易造成钙多铁失，因为各种营养素之间，环环相扣，哪种太多、太少都不行。所以，不要轻易把“枕秃”和“缺钙”挂钩。

保护囟门处，不等于不能洗

有的宝宝，头皮上的皮脂腺分泌旺盛，也就是人们说的出“油汗”，皮脂堆积在头发上，使头发打绺。有的宝宝是过敏体质，患脂溢型湿疹。而家长在给宝宝洗头时，却不敢洗囟门处，结果在囟门处的头皮上结着厚厚的痂皮和污垢。往轻里说，易生疮长疖；往重里说，头皮感染可危及到颅内。

重视对囟门的保护，不等于不能洗。洗时手指平置，轻轻揉洗。若已有厚痂（又称“脑门泥”），不能揭，可先用少许植物油（加热，晾凉后用）使痂皮变软，再用棉棒将痂皮擦去，去除了污垢，皮肤就能正常呼吸了。

给宝宝洗头是件细致活儿

小婴儿头上多汗，要天天洗头。满半岁，可以每周洗两三次。宝宝不爱洗头，常因为有过“痛苦”的经历，比如眼睛被淹了、头皮被弄疼了、耳朵进水了。所以，给宝宝洗头是件细致的活儿：把宝宝的身体夹在左腋窝里，将左臂放在宝宝背后，左手掌托住头，左手的拇指和食指把宝宝的耳朵向里折，盖住耳朵眼。让宝宝的头部略向后仰，以免水淹了眼睛。右手用小毛巾蘸水把头发沾湿，把婴儿专用洗发水倒在手上，揉起泡后再抹在宝宝头发上，然后洗净、擦干。

宝宝“护头”怎么办

小婴儿的头发又细又软，紧贴着头皮，不必剃头。需要剪发了，可以趁宝宝熟睡时，一人抱起宝宝，头朝外，围上小围巾。另一人用儿童专用剪刀，先梳起头发，用手指夹住，再由内向外，小心修剪。

稍有些懂事的宝宝，往往会“护头”（不让别人碰他的头）。可以买套塑料的理发玩具，给洋娃娃理理发，让游戏来打开局面。也可以玩玩“头上开小汽车”的游戏：用手指贴着宝宝的头皮，上下、左右划过，玩过几次，让宝宝觉得头皮也是可以碰的，不疼不痒，还挺好玩。当然，给宝宝理发，还得请手艺高的理发师，动作麻利，且懂宝宝心理，知道怎么哄。

说说宝宝的牙

刚出生就有牙

有的宝宝刚生下来或出生后不久，在下牙床的中间就有一两颗牙了，这种现象被称为“乳牙早萌”。出现这样的牙，是留着它，还是不留它呢？

过早萌出的乳牙，牙根浅，容易松动，很可能自行脱落，万一脱落的牙被吸入气管，就有使婴儿窒息的危险。即便没脱落，宝宝在吸吮乳汁时，牙会与舌下面的舌系带摩擦，使宝宝不舒服，甚至因为疼痛不敢吃奶。所以，这种牙不能留着。拔除后不会在原处再长出乳牙，也不会影响以后恒牙的生长。

“马牙”不是牙

新生儿的牙床上，如果长了一些黄白色的、芝麻大小的疙瘩，摸上去挺硬，这就是俗称的“马牙”。“马牙”不是牙齿，那它是什么呢？“马牙”实际上是一团团角质化的上皮细胞，所以它的真名叫上皮珠。

上皮珠不会总留在牙床上，过一段时间，它便会自然脱落。在没脱落以前，宝宝不会因为有上皮珠而影响吃奶。因为新生儿的口腔黏膜十分薄嫩，所以切勿去擦、去挑“马牙”。就有因为擦、挑这些不当的处理，引起口腔感染，甚至发展成败血症，危及生命的惨痛教训。

出牙有规律

乳牙萌出的月龄、牙质的好坏，是反映宝宝生长发育，尤其是骨发育的一项重要指标。乳牙萌出的早晚、质地与遗传、营养等诸多因素有关，但也有一般的规律：多数的宝宝在六七个月时出牙。可按“月龄 - 4（或6）= 出牙数”来推算出多大该出几颗牙。比如，12 个月的婴儿，出牙数应为 6~8 颗。乳牙萌出的顺序与月龄可参考下表。

乳牙萌出时间和顺序			
牙齿名称	萌出时间	萌出个数	萌出总数
下中切牙（下门牙）	4~10 个月	2	2
上中切牙（上门牙） 上侧切牙	6~14 个月	4	6
下侧切牙	6~14 个月	2	8
第一乳磨牙	10~17 个月	4	12
尖牙	16~24 个月	4	16
第二乳磨牙	20~30 个月	4	20

乳牙晚出要查病因

由于个体之间的差异，宝宝早在 4 个月或迟至 10 个月才出牙，都在正常范围之内。有的宝宝甚至到 1 周岁才长出第一颗牙，身体并没什么病，也属正常。如果超过 1 周岁还不出牙，就属于乳牙晚出了。

遇到这种情况，有的家长就认定宝宝是缺钙，买钙片给宝宝吃。确实，患有佝偻病的孩子，可能乳牙晚出，但是，患佝偻病的主要病因是宝宝体内缺乏维生素 D，进而影响了钙、磷的吸收利用，单纯补钙并不能治好佝偻病。另外，患有甲状腺功能低下的孩子，也可能乳牙晚出。要在确诊后，针对病因进行治疗，才能在改善全身发育状况的基础上促使乳牙萌出。还有一种较为罕见的先天性无牙畸形，若确系此病，确诊很容易，照张 X 光片子就全明白了。

总之，乳牙晚出要带孩子去医院，查出病因，再进行有针对性的治疗。

护理出牙期宝宝

护理好正出牙的宝宝

喂奶的妈妈大多数会有这样的经验：宝宝老咬乳头，就是快出牙了。再看看宝宝的牙床，快出牙的部位发红微肿，摸上去会感到有硬的凸块。在宝宝出牙期间，要注意口腔护理，因为牙齿冒出来，牙床上就有了破口，不注意口腔卫生，就容易引起发烧等症状。

所以，妈妈在喂奶前，要先把乳头洗干净。如果用奶瓶喂奶，要注意用具的消毒。吃完奶或者辅食，喂几口白开水，以起到清洁口腔的作用。出牙期间，宝宝口水更多了，宝宝口腔浅又不会及时把口水咽下去，所以常常流口水。父母要不时把宝宝的口水用柔软的布或纸吸干，小围嘴要勤洗勤换。

刚出牙，牙还没扎下根，容易松动，给宝宝的玩具要避免金属的、木制的。因为宝宝喜欢啃手里的东西，得注意别硌伤了乳牙。

预防“奶瓶龋”

与恒牙相比，乳牙更容易患龋齿。这主要是因为牙齿最外层的牙釉质，乳牙薄，而恒牙厚。婴儿出牙以后，如果喂养不当，就容易得“奶瓶龋”：小小的牙齿逐渐变黑、崩解、折断，只剩下黑黑的残根——“牙渣”。

预防“奶瓶龋”需做到三点：

(1) 不让宝宝自己抱着奶瓶，边吃边睡。盯着宝宝吃完奶，放下奶瓶。再喂宝宝几口白开水。

(2) 宝宝满 1 岁，改用杯子喝水、喝奶。

(3) 给宝宝的牙齿经常擦擦“澡”。家长把手洗干净，手指上缠上消毒纱布，蘸温水，给宝宝擦洗牙面。

保护乳牙，恒牙受益

一般来说，宝宝从六七个月开始出牙，到两岁半左右 20 颗乳牙就全部出齐了，六岁左右又开始进入换牙期。在人的一生中，乳牙的存留时间虽然不如恒牙，但是如果认为“乳牙早晚要换，不如恒牙重要”，那就错了。乳牙的重要生理功能主要包括以下几个方面。

实现从流质到固体食物的过渡

乳牙萌出，婴儿食物品种增多。从六七个月出牙到十几岁乳牙全部被恒牙代替，在这十几年的时间里，正是人生健康的奠基阶段，营养的摄取、消化吸收都与乳牙的健康有关。吃同样的食物，牙好，咀嚼充分，营养吸收得会更好。

促进颌骨的正常发育

构成口腔上部和下部的骨头叫颌骨。婴儿的颌骨没发育好，脸型宽、扁。随着牙齿萌出，在咀嚼的刺激下，促进颌骨发育，脸型逐渐拉长。如果因为牙病使乳牙早失，或者因为牙疼不敢咀嚼，颌骨发育就会受阻，可能影响容貌。

有助于恒牙的健康

乳牙的下面埋伏着恒牙，乳牙健康是恒牙健康的保障。乳牙早失，空缺处的邻牙就会向空隙处倾倒，挡住了恒牙萌出的位置，恒牙无法“适时”“适地”萌出，就可能长得“歪七扭八”，或拥挤或稀疏，或咬合关系异常，比如下兜齿、开唇露齿等。如果乳牙患龋，患牙周炎症，也会使恒牙的生长环境恶化，以至于长出的恒牙既不洁白，又不坚固，质地松脆，易生龋齿。

固齿有方，洁齿有法

乳牙“钙化正常”，需要“养料充足”

乳牙洁白、坚固，需要的养料不是单纯的钙，而是“优化组合”的营养。

钙的吸收利用，不可缺少维生素 D。显而易见，患维生素 D 缺乏性佝偻病的孩子，牙齿也长不好。经常、适度地晒晒太阳，既健骨又固齿。膳食中缺少了维生素 C，牙槽骨会萎缩，牙龈会常常出血。粗粮以及蔬菜中的“筋”“渣”等富含膳食纤维，它们耐嚼，可以起到清洁牙面的作用。

如果宝宝只爱吃水果，不爱吃青菜，又很少晒太阳，恐怕就是天天吃钙片，牙齿也未必能坚固。所以，“固齿”需要平衡的膳食，还需要经常在户外活动，有适度的“日光浴”。

乳牙“适时萌出”，需要“有的可嚼”

宝宝从六七个月开始出牙，到两岁半左右 20 颗乳牙就全部出齐了。

乳牙适时萌出，婴儿食物的品种也要相应增多，从流质过渡到半流质、固体食物，以适应生长发育对营养的需要。随着牙齿的萌出，可以给宝宝慢慢增加一些耐嚼的食物，在咀嚼的刺激下，孩子的颌骨会逐渐发育，脸型从婴儿时期的扁、宽，逐渐拉长，形成和谐的面容。

乳牙“预防龋齿”，需要“洁齿有法”

小宝宝不会漱口，那就在喂奶、喂食后让小宝宝喝几口白开水。会漱口了，就要让宝宝养成饭后漱口的习惯，饭后含口水，使劲漱，多漱几次，以清除口腔内食物的残渣。学会刷牙就能更好地清洁牙齿了。怎么能让宝宝不用大人反复地催，养成爱刷牙、认真刷牙的好习惯呢？那就多用一些行为培养的技巧吧。

早做铺垫。宝宝六七个月快出牙的时候，牙床痒，可以用牙胶给宝宝按摩牙床。宝宝出牙了，改用“牙刷套”（可套在大人食指上的牙刷）给宝宝清洁牙齿。

动作要轻，使宝宝对这道程序没有反感，逐渐习以为常。

适时放手。2 岁左右的宝宝开始“闹独立”了，什么都想“自己干”。给宝宝一个小牙刷，一杯凉白开，让宝宝模仿大人的动作，只是不用牙膏，因为这么大的宝宝难免会把牙膏和漱口水咽下去。适时放手，宝宝会觉得“我真能干”。

陪刷陪练。大人教宝宝用正确的方法刷牙，最好是自己蹲下来，让宝宝看清楚里里外外怎么刷。在宝宝的刷牙习惯没有养成前，有大人陪刷，宝宝一看，两人都是满嘴的泡泡，还挺有趣，就不会觉得刷牙是苦差事了。

爱屋及乌。带着宝宝，让他自己选购一个他喜欢的卡通漱口杯；在合适的牙刷中，让宝宝选一支他中意的；再选一管水果味牙膏。早晚有自己喜爱的用具陪伴，是件让宝宝高兴的事。

不断强化。当宝宝不用提醒就主动去刷牙时，要给以鼓励，强化这种好行为。让宝宝对着镜子笑笑，露出一口白白的牙齿，则是一种自我强化，“牙刷挥挥，牙齿白白”。

改掉小毛病

吮吸手指、啃指甲、咬铅笔等小毛病，都会伤牙。下饭桌前，嘴里含口饼、含口饭，就着急玩儿去了，含着不咽，也伤牙。晚上睡觉前，喝了几口牛奶，不再刷牙……为了乳牙的健康，这些毛病都得改。

脊柱，需要从小养护

脊柱，被称为支撑人体的大梁。出生时婴儿的脊柱还没有“生理性弯曲”，所以支撑的力量弱，婴儿的身体是“软绵绵”的。从出生到 1 岁左右，是“生理性弯曲”形成的关键期，适时、适度的运动可以促进生理性弯曲的形成。

满月后，练练趴

新生儿的脊柱好似英文字母 C。头沉，脖子没劲，所以抱孩子不管“摇篮式”还是“靠肩式”都要托住头。特别是“一起一放”，别“闪着头”，抱起时先托起头，放下时先放下头。满月后，喂奶前可以让小宝宝趴一会儿。宝宝会努力仰头，一开始能坚持几秒钟就不错了；渐渐头仰起来的时间越来越长。练习趴，有助于脊柱第一个生理性弯曲——颈前曲的形成，效果也显而易见，会发现宝宝的脖子显得有劲了，把宝宝竖着抱，宝宝的头不再晃来晃去。

避免“早坐”“久坐”，适时训练爬

“早坐”，是指宝宝才三四个月，就用枕头、被褥把宝宝围坐在床上，“窝”在那儿，驼着背，脖子向前探着。“早坐”“久坐”都会对脊柱第二个生理性弯曲——胸后曲的形成造成不利影响。到半岁左右，就可以在较硬的大床上，或是在地板上铺块干净的毯子，训练宝宝爬着玩。等宝宝会站、会走以后，脊柱第三个生理性弯曲——腰前曲也形成了。

全方位养护脊柱，可以使宝宝从小有健康的体态，除了上面所提到的，还要注意：适度晒太阳，每天必喝奶，预防“维生素 D 缺乏性佝偻病”。避免从高处往硬地上跳，因为猛地一“蹾”，可能伤到脊柱。培养“坐有坐相、站有站相”的好习惯，最忌椅子和桌子不配套，或窝在沙发上看电视。早发现脊柱侧弯，让孩子立正，露出后背，若两肩一高一低，或逐节触摸孩子的脊椎骨，某处偏离中线，应请医生检查。

长长短短小指甲

清洁、美观的指甲，使宝宝的小手更加可爱；长短适宜的指（趾）甲，保护着宝宝的指（趾）端。除此之外，小小的指甲，还是透视健康的一个窗口。

“得分”高低看指甲

一个孩子的指甲长点、短点，似乎与健康挂不上钩。可是对于一个刚出生的新生宝宝来说，指甲的长短可就有说头了。判断出生的宝宝是足月新生儿还是未成熟儿，其中一项指征是看指甲的长短。一般而言，足月正常新生儿，指甲超出指端，评分高；未成熟儿，指甲短，达不到指端，评分低。

护理要求剪指甲

婴儿的手指甲不仅长得快，而且薄似纸片，边缘锋利。为了防止污垢藏在指甲下，也为了避免婴儿抓伤自己，每周得剪一次指甲。最好是趁婴儿吃奶的时候或熟睡的时候给他剪。用婴儿专用剪刀，从甲缘的一端，沿着指甲的自然弯曲，剪成弧形，别剪得太“秃”。脚指甲生长的速度慢一些，剪时甲缘两端不要剪得太多，使甲缘平直就行了。剪完，要把甲屑清理干净，别落在床上。如果指甲旁边长有“倒刺”，不能拔，要小心地齐根剪去。

甲床观色识疾病

指甲的下面叫甲床。健康的宝宝甲床红润，这表明血液中有足够的红细胞，机体当然不缺氧。甲床苍白，缺少血色，常常是贫血的体征。虽说缺铁性贫血最多见，但是不能忽视其他病因引起的贫血，先查清楚再治。甲床发“乌”，颜色青紫，常常是血液中含氧量少的体征。刚出生的宝宝就显出甲床发“乌”，同时鼻尖、口唇也青紫，要查查是否有“先天性心脏病”。现代医学技术使“先天性心脏病”成为可治之症，要早发现、早治疗。

婴幼儿患肺炎，因严重缺氧，也可能出现甲床青紫的现象。家长可以通过观察孩子呼吸的次数，初步判断是否有肺炎了（请参考第 204 页相关内容）。特别是两个月以下的小婴儿，患肺炎时咳嗽等症状不明显，但是会出现“呼吸增快”（世界卫生组织制定的儿童急性呼吸道感染控制规划方案提出：未满两个月的婴儿，在安静状态下，每分钟呼吸的次数≥ 60 次，可视为呼吸增快）。

甲型异常有诱因

甲上横脊。宝宝每生一次大病，生长发育都会受到影响，同样指甲的生长也会延迟。在指甲根部会出现条条“横脊”，随着指甲生长，“横脊”也向上移。

点状白斑。出现在指甲上的点状白斑，常是因为指甲的生长部位受到轻伤所致。将白斑视为有蛔虫病的体征，证据不足。

指甲凹陷。指甲的边缘翘起，有点像匙，这种“匙状甲”在医学上称为“指甲凹陷”。患缺铁性贫血的孩子，或是生活在高原地区的孩子可能有“匙状甲”。补充含铁和含维生素 C 丰富的食物，指甲可望恢复正常。

“爱咬指甲”寻“心因”

有的宝宝，口不离手指头，指甲被咬得残缺不全或片甲不留，手指头泛白，还常会引起甲沟炎。家长对待宝宝的这种坏毛病，越是着急、生气、呵斥、打手，孩子咬指甲的“瘾”越大。

出现“怪癖”，得从寻找“心因”入手。比如，宝宝不适应新环境，因为种种原因使宝宝经常感到紧张、不安，生活刻板、乏味、没可玩的，等等，都是常见的“心因”。

歪歪斜斜小脚印

也许，刚从医院回到家，发现宝宝小腿不直，有点像“括号”；也许，宝宝正在学步，看着宝宝身后歪歪斜斜的小脚印，父母心生疑虑……

小脚丫怎么像括号

小婴儿的胳膊、腿，胖乎乎的像“藕节”，讨人喜爱。可是，仔细看看，这小腿有弯儿，不直。要不要补钙、捆腿？不必担心。小婴儿的小腿呈“O”形，是“生理性弯曲”，这和宝宝会站会走以后因为患有佝偻病的“O 形腿”完全不同。“生理性弯曲”会随着宝宝的发育逐渐消失。

那用不用补钙呢？吃母乳的宝宝，钙是够的；人工喂养的宝宝，满月以后每天遵医嘱添加鱼肝油，利用其中的维生素 D 帮助乳类中的钙的吸收也就行了。

至于“捆腿”的做法早就过时了，因为新生儿四肢呈蜷曲状，是胎内姿势的延续，不必强行去“矫正”。并且，从早期智力开发的角度，被“捆”以后，孩子位于肌肉、关节里的“本体感受器”受不到应有的刺激，影响神经和大脑的发育，智商减分。让小宝宝穿上舒适的连体衫裤或睡袋式的衣服，宽宽松松，在里面可以自由地挥拳、踢腿，既健身又益智，更开心。

摇摇晃晃两手举高高

刚学步，宝宝会跌跌撞撞，两腿叉开着，胳膊高举着，这样可以帮宝宝掌握平衡。不必担心这种姿势会造成骨骼畸形。等宝宝会走了，姿势也就顺眼多了。

有的宝宝胆小，怕摔跤，自己能走也要让大人牵着手，哪怕只牵着大人的一根手指头，也能壮胆儿。这时候，重要的是练胆儿。在家里的木地板上，或户外的平整地面上，大人面朝孩子，在离他两三步的地方等着他，慢慢地延长距离，宝宝就逐渐敢自己走了。另外，最好别图省事，让学步车给宝宝当陪练，那可练不出胆儿来。

一般来说，宝宝在一岁左右就学会走路了。稍有延迟，也并非就是缺钙。并且，学站、学走与气候也有一定的关系。天气暖和，穿的衣服少，腿脚利索；天气冷，穿的衣服多，行动不便。

当然，如果宝宝过了两岁，走路还是跌跌撞撞，得找医生看看。

有些走路“怪怪的”情况，需要找原因

夹着大腿，脚尖着地

站着时脚不能放平，迈步时夹着大腿，脚尖点地，摸摸孩子的跟腱，如果硬硬的，就要抓紧去医院神经科挂个号，查一查。“脑性瘫痪”的孩子，步态就是这么怪怪的。当然，有的健康宝宝刚学走路时，也踮着脚往前冲，但是站立时脚能放平，跟腱也不是硬硬的，那只是学步时的“小毛病”。

走路像鸭子，左右摇摆

患“先天性髋关节脱臼”的孩子，走“鸭步”。这种病越早发现、早治疗，效果越好。患遗传病“进行性肌营养不良”的孩子，走“鸭步”。

有两种跛行，静卧最重要

第一种：宝宝在经过一次感冒后，突然跛行。这很可能是得了“一过性髋关节滑膜炎”。医生若下此诊断，会叮嘱父母要让孩子卧床静养。父母就要想方设法哄住、看住孩子，别让孩子下地。一周左右，这病就能好了。

第二种：孩子在下楼梯、跑、跳时不小心“抻”了一下，俗话说“闪了胯”，也就是髋关节受了点伤。除了在医生的指导下采用按摩、热敷等治疗手法之外，静卧是最重要的治疗措施。

两岁以后还是平足

小婴儿的脚底板是平平的。等到会站、会走以后，足底的肌肉韧带结实了，就会逐渐显出脚弓。如果两岁多了，还没脚弓，可以做做以下的练习：踮着脚尖走路，坐在小凳上用脚趾夹起地上的筷子、铅笔、乒乓球等。每次练习三五分钟。

护理“弱宝宝”有规律可循

佝偻病是一两岁孩子的常见病。“佝偻”仅从字面上来讲是指骨骼的畸形，但是佝偻病却是全身的疾病，孩子多汗、体虚，很容易着凉感冒，而且一发烧常引起气管炎、肺炎。

要说护理“弱宝宝”可真是不容易。天变冷，就小心又小心，多穿、多戴，可还是三天两头发烧；狠狠心，让宝宝经受点冷锻炼吧，又冻着了；好不容易熬过了冬天，多带孩子在户外晒晒太阳吧，宝宝不发烧却又抽起风来，医生又说“晒猛了”。

孩子体质弱，确实不太好带，但是护理“弱宝宝”还是有些规律可循，能使宝宝渐渐结实起来。

御寒不是“捂”

孩子小，对寒冷的适应性差，冬春季要注意保暖，但是御寒不是强调“捂”，而是强调“变”，即随着气温的变化增减衣服。那些在冷天易感冒的孩子，平时的穿戴并不少，妈妈们总是小心又小心，给孩子捂严实了才敢出门，可是越是“捂”，越是经常去医院。因为孩子穿戴过多，稍一活动就是一身汗，风一吹就很容易着凉，特别是有佝偻病的孩子，更是如此。冬春季，室内外温差大，早、晚和中午也差得挺多，所以必须根据气温的变化给孩子增减衣服。

耐寒不是“冻”

御寒不能代替耐寒的锻炼。但是，耐寒锻炼绝不是让孩子挨冻。冷刺激的强度要由弱渐强，持续时间由短渐长。耐寒锻炼的结果是让孩子感到舒适，而不是打寒战、起鸡皮疙瘩。

比如开窗睡眠，自然是从夏天开始，到了冷天，孩子睡觉盖暖和了，开一会儿窗户，室温逐渐下降（不低于 10℃），注意别让风直吹着孩子。冬天，室内外温差大，开一会儿窗就行，使孩子在起床前，屋里是暖和的。夏天用冷水洗脸、洗手，一直坚持下去，冬天早上还用冷水洗脸作为一种锻炼，晚上用温水洗脸以清洁皮肤。

会晒太阳才防病

晒太阳是简便有效的防治佝偻病的方法，但是晒太阳也要有所讲究。

春天，如果晒得猛了，孩子自身合成的维生素 D 猛增，钙被大量运送到骨骼中去，致使血钙骤降，会引起抽风，即“婴儿手足搐搦症”。所以，春天，宝宝在户外晒太阳，要慢慢延长时间，从 10 分钟左右，开始逐渐延长，使体内合成的维生素 D 缓慢上升，同时还要注意补钙。

夏天，要防暴晒。秋天，不冷不热，每天在户外 2 个小时左右，使体内多存下点维生素 D。冬天，中午暖和，露出小手、小脸，在户外玩一阵子。别放过任何一个好天。

小贴士

关于御寒

关于御寒，宋代名医陈书文在《小儿病源方论》中指出：“背要暖，背受凉容易外感风寒和哮喘；腹要暖，腹受凉易泄泻；足要暖，寒从脚下起；头宜凉，免多汗。”背暖、腹暖，最合适的就是穿件大背心了，暖和的、过膝的大背心，穿脱方便。鞋要暖。天太冷时，头上戴个帽子，不要太厚，有汗及时擦干。身上出了汗，要等落汗了再减衣服。在家里，穿多少，盖多厚，以孩子手脚暖和，又不沁出汗珠子为宜。

春季需防“婴儿手足搐搦症”

什么是“婴儿手足搐搦症”

“婴儿手足搐搦症”，发生在婴儿时期，是由于血液中钙低落所致。主要症状是惊厥。其特点是并不发烧，也无其他原因，突然惊厥，屡发屡停，有的每日发作可达10~20次。不发作的时候，孩子的精神看不出有什么异样。

入春后，儿科门诊中患“婴儿手足搐搦症”的病儿增多。冬季出生的婴儿，春季需防“婴儿手足搐搦症”。

为什么春季多发此病

原因是冬天小婴儿一般很少出屋，晒不着太阳，有的屋子虽然朝阳，但阳光里的紫外线却被玻璃挡住了，宝宝的皮肤缺少适量的紫外线照射，就制造不出维生素D。母乳（或配方奶）虽然含钙丰富，但是所含的维生素D并不能满足宝宝身体的需要。体内的维生素D少，血钙被运送到骨头里去的量也少。也就是说，钙被吸收的少，被利用的也少，大体上血钙还能维持在一定水平，不至于发生“婴儿手足搐搦症”。而到了春天，春风送暖，如果宝宝出屋的时间猛增、猛晒，体内维生素D也猛增，血钙被大量利用，血钙猛跌，就引起惊厥了。

预防“婴儿手足搐搦症”

有三项重要措施：

⑴ 在医生的指导下，补充维生素D制剂。

⑵ 冬天，只要风和日丽，带宝宝到户外晒会儿太阳，露出小脸和小手就行。

⑶春天，乍一出屋晒太阳，时间别长，从每天10分钟左右开始，慢慢增长到1个小时左右，也就是“悠着点晒”。

病儿护理，身心并重

人们常说："病需三分治，七分养。"要是宝宝生了病，就更需要精心护理了。家庭护理，不仅关系到宝宝身体康复，还关系到他们的心理健康。护理既需要身体上的，又需要心理上的。

身体护理，心中有数

掌握常用的护理技术，细节到位。举几个例子：测体温——测腋下体温，先把腋窝的汗擦去，夹紧，测 3 分钟。时间短，腋窝有汗，测不准。止鼻血——勿仰头。仰头可使血流到咽部，经咽入胃，引起恶心。扭伤——先冷敷，起止疼的作用。第二天再热敷，活血化瘀。反过来会使血肿越来越大。

能敏感地觉察出病情有变，早治疗。有些传染病，比如流行性脑脊髓膜炎（简称"流脑"），病初不易与感冒区分。但是，如果家长知道流脑的症状，就能在流脑发病的早期发现孩子的病"非同寻常"，赶紧去医院。比如，感冒可以引起恶心、呕吐，但是只要把胃里的积食吐出来就舒服了。可是流脑引起的呕吐，不是因为胃里不舒服，而是脑膜受到刺激，所以没觉得恶心就喷吐出来。感冒也可以引起头疼，但是流脑引起的头疼要剧烈得多，而且病儿精神极差。能敏感地发现病情有变，就能争取到早治疗。

能做出可口的"病号饭"，促康复。不同的病，"病号饭"也有所不同。举几个例子：感冒——怕"硬"。感冒鼻堵，得用嘴呼吸。吃硬的得细嚼慢咽，顾上吃就顾不上喘气，只能"囫囵吞食"。所以，"病号饭"宜稀、软。长口疮——怕"咸""烫"。口疮使病儿"畏食""畏水"。"病号饭"偏甜、偏凉，可以减轻疼痛。腮腺炎——怕"酸"。酸味刺激唾液分泌，使肿胀的腮腺更加胀疼。

心理护理，养中有教

别给病儿"负面暗示"。看着宝宝的小脸烧得绯红，爸爸急得团团转，嘴

里不断念叨着“可怜的宝宝”；针还没扎在宝宝的屁股上，妈妈先掉泪了……就算不说话，父母紧张不安的表情，也会加重病孩儿的恐惧。精神上的恐惧，会加重躯体上的痛苦。父母要是镇静自若，同样会感染孩子，不紧张、不害怕。正面的情绪，有益于调动起孩子自身的抵抗力，特别是对一些因病毒感染引起的疾病，自身的抵抗力增强，是战胜病毒的“良药”。

别让病儿觉得生病是大人的“罪过”。疾病给宝宝带来痛苦，妈妈心疼地一个劲儿地说：“妈妈不好，让宝宝受罪了”；爸爸握着宝宝滚烫的小手，不住嘴地说：“打爸爸吧，爸爸不好。”这种“安慰”，只能使孩子觉得生病是大人的“罪过”。这就难怪，当宝宝烧退了，刚有点精神，就朝妈妈、爸爸喊：“我要让全世界的‘奥特曼’都来打你们。”大人自己感冒发烧，会用“平常心”去对待。孩子生病，也应该用“平常心”去对待，并非欠孩子什么。

别助长病儿的自私心理。宝宝生病，为他精心烹制“病号饭”，理所当然。但是为了让宝宝多吃几口，这么劝就不妥了：“这么香的粥，是专为宝宝做的，不许爸爸喝。”爸爸也急忙配合，做出垂涎欲滴的样子。这就难怪，宝宝每生一次病，“以自我为中心”的意识就得到一次强化，变得自私、霸道。

别让病儿落下心理年龄倒退的“后遗症”。过分的呵护、放纵，使孩子病虽好了，但是变得比以前幼稚、脆弱、胆怯和无能。“三岁了，喝水非用奶瓶不可；腿不软了，还非让抱着；动不动就眼泪汪汪。”心理年龄退回到婴儿了，不撒娇还能干什么？

总之一句话：重视心理护理，别因病添心病。

病孩儿，更需精神呵护

虽然对生病的宝宝，我们提倡“养中有教”，但我们也要注意到生病的宝宝，确实更需要精神呵护。

大人有病，喜欢静养，即使睡不着，也愿意闭目养神，不希望有人打扰。孩子生病，除非病得很重影响了神志，通常总希望身边有亲人陪着。即使平时已养成独自入睡的习惯，自己玩不缠人，病了，也需要亲人陪伴。

陪伴病孩儿，主要是使他的精神得到安慰，摆脱紧张不安的情绪，忘掉疾病的痛苦。孩子常常不明白为什么会生病，他们甚至可能会认为生病是一种惩罚，是因为自己有了过错。有的孩子甚至怕自己会死，再也见不到亲人了。到陌生的环境（医院）去接受陌生人（医生）的检查，最后可能还要受些“皮肉之苦”，这些都会使孩子感到恐惧。

对孩子进行安慰，使他们有乐观的情绪、积极的心态，对促进疾病康复是一剂特效药。因为，精神因素是影响机体免疫力的一个重要方面。而机体免疫力是战胜疾病，特别是病毒感染的“良药”。

对孩子精神上的最大安慰，是在病情允许的前提下，不时地陪伴孩子玩会儿。陪病孩儿玩，不必买新的玩具。因为病孩儿似乎更恋旧，过去玩过扔在一边的，现在玩起来倍感愉快。也不必玩什么太费脑筋的游戏。生病使大脑皮层的功能减退，脑筋动不起来。何必非把孩子难住，让他沮丧呢？如果家长实在太忙，那就尽量在孩子能看得见的地方干活儿，或是把孩子安置在一旁，干活的同时，不时和孩子聊上两句，两不耽误。

训练宝宝大小便

宝宝过了一岁生日，有的家长就开始考虑训练宝宝坐盆排便，让小屁股逐渐脱离尿布（纸尿裤）的呵护了。想法虽好，做起来要讲究方法。

何时开始训练坐盆排便

每个宝宝都有其自身发育的特点，但是，有些共同的规律，可以供父母们参考。

⑴ 一两个小时，尿布或纸尿裤不见湿，说明膀胱肌肉的控制能力已达到可接受训练的水平。

⑵ 会蹲、会起，能保持平衡。

⑶ 有了“尿意”，会用表情、动作或语言来表示。

有了以上几点，说明时机基本成熟。否则就接着用尿布或纸尿裤吧。

训练坐盆排便，别成为“频尿训练”

“有尿吗？快‘嘘嘘’去。”在妈妈的频频提醒下，尿盆几乎成了宝宝的小椅子。这种训练方法有两个弊病：

⑴ 削弱了宝宝膀胱贮存尿液的能力。

如果膀胱内刚有少许尿液，就马上排出，膀胱括约肌得不到锻炼，不能充分扩张和收缩，宝宝频频坐盆，却总有余尿。

⑵ 削弱了宝宝大脑对排尿的控制能力。

宝宝一般要到一岁多，大脑才能感知膀胱传送来的信息，下令“忍”或“排”。“频尿训练”削弱了大脑对排尿的控制能力，以至宝宝入园后一会儿去一趟厕所，还常常尿湿裤子。

一时难和尿布（纸尿裤）说“再见”，很正常

虽然有的宝宝从一岁以后就开始接受坐盆排便的训练了，但是在两岁以前，

外出、夜间等情况，往往仍然需要用尿布或纸尿裤。在训练坐盆排便的过程中，尿了裤子，尿了床是很正常的事。

有这么一个原则：宝宝刚刚坐在便盆上小便、大便了，马上表扬、鼓励；尿了裤子、尿了床，不打不骂，不给脸色看。另外，不能因为怕宝宝尿裤子就限制饮水。

穿开裆裤，宝宝伤不起

开裆裤作为小宝宝的一种服饰，确实为宝宝的排便提供了方便。但是，如果宝宝会到处走，活动范围大了，又经常会坐在地上，开裆裤就为“病从裆入”提供了诸多方便。

方便了“传染病经‘粪—口’传播”

肠炎、痢疾、甲型肝炎、手足口等传染病，都是经“粪—口”途径传播的疾病。被穿开裆裤的患儿坐过的地方，就被病毒、病菌污染了。宝宝喜欢到处摸，再用脏手拿东西吃，吸吮手指，难免会传染上这些病。

方便了“上行性泌尿道感染”

穿开裆裤，外阴无遮拦，就为病菌经尿道口侵入机体提供了方便。尤其是女孩儿尿道短，病菌入体，易引发“上行性泌尿道感染”，因缺少尿急、尿频、尿疼的症状，多表现为发烧、不想吃东西，往往被当成“感冒”治疗（忽略了查尿常规），从而延误了病情。

方便了“蛲虫的传宗接代”

蛲虫又叫线头虫。雌虫在夜间移行至宝宝的肛门附近产卵，使宝宝肛门奇痒。开裆裤方便了搔痒，使宝宝手上沾上虫卵。然后，手接触口，虫卵入肚，则成全了蛲虫的传宗接代。“蛲虫病，难去根”，与开裆裤提供的方便有关。

方便了“外阴受伤”

外阴无遮拦，坐滑梯、玩跷跷板、骑木马，易使外阴受伤，同时也成为蚊虫叮咬的“开放区”。

夜班宝宝和夜哭郎

说到睡眠，妈妈们最觉得困扰的恐怕就是宝宝经常“睡反觉”。宝宝夜醒一两次本是正常的，翻个身又自然入睡。可是有些宝宝一醒就是一两个钟头。脾气好的，玩儿上了；脾气不好的，哭个没完。宝宝为什么会“睡反觉”呢？

新生宝宝“黑白颠倒”属于“涉世未深”

随着呱呱坠地，婴儿就置身于昼夜分明的环境中了，但是体内还延续着在子宫内的生理节奏，黑白不分，甚至“黑白颠倒”，他们有限的清醒时间就在晚上。

怎么帮助新生宝宝尽快调整生物钟与日升日落同步呢？

天亮了，打开窗帘让阳光进入室内，不要用厚厚的窗帘把宝宝的房间变成“暗室”，但要注意不要让阳光直射宝宝的头部。白天，给予适宜的刺激，使宝宝清醒的时间逐渐延长。那么，对宝宝来说，什么是适宜的刺激呢？亲人的喃喃细语、清洁护理带来的舒适、按摩给予宝宝的良好感受，等等，都能使宝宝兴奋、高兴一阵子。白天多逗逗孩子。

夜间，减少护理的次数。晚上 11 点左右那顿奶要让宝宝吃饱了。如果他吃不了几口就想睡，可以捏捏耳朵，让他接着吃。吃饱了，换上干爽的尿布或纸尿裤。只要宝宝不醒，不要为了换尿布弄醒他。

对于“黑夜与白天颠倒”的宝宝，夜间哭闹时，可以抱着他，慢慢走上几个来回。身体有节奏地轻微晃动，会使宝宝觉得安全得多，入睡也快。最重要的是大人别犯急。比如，宝宝又哭开了，爸爸已经许多天没睡过整觉了：“还不快哄哄孩子，我明天还得早起呢。”妈妈早已疲惫不堪，也没好气儿：“孩子又不是我一个人的。”坏情绪是有传染性的，这时的宝宝会更加难哄。

过分呵护，“培养”出“夜哭郎”

有个典型的例子，一位母亲述说她的困惑：自打儿子出世，全家的大人在行为方式上起了挺大的变化。只要儿子在睡觉，大人吃饭不敢吧唧嘴，做事轻手轻脚，说话不出声靠打手势。可是没法阻止来自屋外的噪声，稍有响动，儿子就大哭不止，太娇气了。

确实，要想达到“无声”的环境太难了，也没必要。睡眠是生理上的需要，只要环境中噪声不大，应该就能入睡。其他人该走动就走动，该说话就说话，小点声就行。家里太静了，外面的噪声就更刺耳，更容易吵醒宝宝。

大人误把“浅睡眠”当成睡醒

在一宿的睡眠中，分为浅睡眠和深睡眠两种状态。在浅睡眠与深睡眠的交替中，婴幼儿的浅睡眠状态要多一些。宝宝入睡后，先进入浅睡眠状态，此时常会出现一些动静：皱眉、咂嘴、微笑、抽泣、哼唧、眼半睁，肢体出现小抖动（这种抖动被称为“睡眠肌痉挛”）。大人轻轻用手指头或胳膊动一下，宝宝就会全身抖动。守在一旁的大人以为孩子醒了，去拍、去哄、去喂奶，宝宝真的醒过来了，自然没好气儿，成了夜哭郎。

白天闹腾大，夜里不安生

不少妈妈有这样的体会，如果白天玩得太累，睡得太晚，孩子就会越困越闹，夜里不安生。那么，大人就要注意：如果家中有客人，应安排宝宝先睡；如果外出旅游，也应尽量保证宝宝按时入睡；如果宝宝睡前撒欢儿，应给予平静引导；如果宝宝非要等见到爸爸或妈妈才睡，应劝说第二天早晨见面也一样。

到了该睡觉的时间，语气和蔼、坚决地提醒“你困了，睡觉”，而不是“你困吗？想不想睡？”

另外，晚饭吃得过饱，也不利于宝宝睡眠。

夜里缺觉，白天补觉，不妥

无论夜哭郎还是夜班宝宝，夜间睡眠支离破碎，那么白天多睡会儿，不就补过来了吗？尽管时间上能补齐，但是生理上却吃了大亏。至少有三项生理功能补不上：

(1) 夜间生长激素分泌达到高峰，睡眠被扰，生长激素的分泌减少。

(2) 夜间免疫系统进行修复、动员，睡眠被扰，免疫力下降。

(3) 夜间脏器的功能处于调整状态，睡眠被扰，生理疲劳不能很好地恢复。

小贴士

对于因疾病引起的睡眠障碍，需要及早治疗

佝偻病： 3岁以下孩子的常见病，夜惊是其症状。

蛲虫病： 夜间肛周瘙痒。

肠痉挛： 因饮食不当、腹部受凉，腹痛。

湿疹： 皮肤瘙痒。

鼻塞： 呼吸不畅。

化脓性中耳炎： 脓液未穿破鼓膜时，疼痛剧烈。

守护孩子的梦

“宝宝睡多长时间算‘够’？”“睡觉磨牙是不是得‘打虫’？”“打呼噜是不是说明睡得香？”“孩子‘撒呓挣’，是不是一定要叫醒他？”……有关宝宝的睡眠，妈妈们还真的是困惑多多。

睡多长时间算“够”——很难划一

睡眠时间，虽没有绝对的标准，却有一般的规律，那就是年龄越小，每天所需要的睡眠时间越长，大致是：1~3 个月，16~18 个小时；4~6 个月，15~16 个小时；7~12 个月，14~15 个小时；1~2 岁，13~14 个小时；2~3 岁，12~13 个小时。但是，具体到每个宝宝，睡多少时间算“够”，就没准谱了。因为每个宝宝的“气质类型”不同，对睡眠的需要也不同。

宝宝一出生，从他们的哭声，从他们挥拳蹬腿的架势，从他们的吃喝拉撒，就能看出他是“急脾气”，还是“慢性子”，还是“不紧不慢”。这就是心理学上所说的“气质”。同是月子里的宝宝，有的刚吐出奶头就睡着了，一觉三个钟头，是个“小瞌睡虫”;有的宝宝，吃完奶得睁着眼玩会儿，越是夜深人静时，他哭得越起劲，既不饿，尿布也没湿，哭着玩，人称“小精豆子”;再大点，“小精豆子”会问妈妈:“人为什么要睡觉？”而心里想的是“不睡觉多好,总能玩”。

不同“气质类型”的宝宝，一天的睡眠时间可能相差一两个小时。但是，只要入睡快，睡得香，醒来精神足、食欲好，长个儿也不慢，就都算睡眠正常。因为判断睡眠好坏，还得看质量。下面，咱们就来说说影响睡眠质量的问题。

夜间磨牙是有蛔虫——一桩悬案

要说蛔虫,判它七八回死刑,罪有应得。但是,说“磨牙是因为体内有蛔虫”，证据不足。有没有蛔虫，最好是定期去医院做大便检查，查出有虫卵，该驱虫就驱虫，不能以“磨牙”作为判断的标准。如果常磨牙，可带孩子去口腔科查

查有没有“错颌畸形”（牙齿排列不整齐，上下牙弓咬合关系异常，比如“下兜齿”）。牙没毛病，就要对孩子的生活规律多上点心，该吃就吃，该玩就玩，该睡就睡，各方面全打理顺当了，磨牙也就渐渐少了。

打呼噜——并非睡得香

如果孩子每晚睡眠鼾声大作，还时时被憋醒了，必须带孩子去医院的耳鼻喉科看看。鼾声是个信号，它告诉家长“孩子的上呼吸道不通畅”，最大的危害是使大脑缺氧。毛病就出在长在鼻咽后壁的“腺样体”发炎、肿大，把呼吸通道堵了。医生只要下了这个诊断，便可药到病除，还孩子一个踏实的睡眠。

“撒呓挣”——被吓着的是家长；“做噩梦”——被吓着的是孩子

孩子“撒呓挣”，不必叫醒他，不一会儿，就会倒头又睡了。可是如果是做噩梦，就要叫醒孩子，尽快让他从恐惧中解脱出来。

去掉一个“吓”字，别给孩子讲恐怖的故事；避免一个“撑”字，晚饭少吃几口；坚持一个“准”字，生活有规律，才能“守护好孩子的梦”。

断夜奶，有诀窍

吃夜奶，必须改，因为影响宝宝的健康

生龋齿。夜间唾液分泌减少，口腔内的自洁作用减弱。吃夜奶，让奶水泡着牙，吃完奶又不会再漱口，等于给口腔内的致龋菌送去养料。长此以往，容易导致牙齿尚未出齐，乳牙上已经有黑斑（浅龋），浅龋渐成深龋。

干扰睡眠。一宿的睡眠因为吃夜奶被中断几次，使本应完整的睡眠链变得支离破碎。睡眠质量差，早晨醒来不解乏、情绪差，早餐无食欲，甚至一天都难有好心情。

影响长个子。一宿的睡眠时间正是脑下垂体分泌生长激素的高峰时段。如果睡眠被中断，不能睡长觉，生长激素的分泌会受到干扰，分泌量下降，影响宝宝长个子。另外，白天的营养已足，夜间又加餐，难免会使宝宝的体重超标，体型矮胖。

吃夜奶，怎么改？有诀窍

勿扰“浅睡眠”。在正常的睡眠中，“浅睡眠”与“深睡眠”交替出现，处于“浅睡眠”状态时，宝宝会有一些动静，但这并不是醒了。如果大人去拍、去哄，反而把宝宝弄醒了，自然没好气儿，要吃要喝。

不能“心太软”。宝宝夜间醒了，非要嘬几口奶再睡，大人别迁就，顶多给口水喝，安慰宝宝接着睡。宝宝哭过几次后，见大人不妥协，也就接着睡了。只要没养成吃夜奶的毛病，偶尔醒了，无大碍。

午睡“有时限”。有些父母认为夜里宝宝没睡好，可以用午觉来补。结果就养成了“睡反觉”的毛病，白天睡，夜里精神。昼醒夜眠是人体顺应自然的生理规律。夜眠的生理效应是白天睡眠补不上的。白天的午睡要有时间限制（1~2 个小时），夜间睡眠才能香。

买衣买鞋，参考三个“要”

宝宝还小，给宝宝的衣服、鞋子要舒服、合适，才不会影响宝宝的发育。

为宝宝选购新衣

要穿着舒适。内衣，选质地柔软、吸湿性和透气性好的面料。化纤丝、毛织品易引起过敏，不宜贴身穿。外衣太紧或太松，衣袖、裤腿太长，即便再好看，也要放弃。衣服式样宜简单、大方，便于穿脱。

要便于运动。喇叭裤，裤腿宽，易绊倒；牛仔裤，紧箍着，迈不开腿；穿小旗袍，不能撒欢儿地跑；穿上小西服，抡不开胳膊。这些服饰都不适合常穿。

要想到安全。家长一定要有安全意识，买衣服的头一条原则便是别把“致癌童装”（化学洗染过度）买回家。当然，其他的细节也挺重要，比如，男孩裤子的前开口不要拉链；帽子上别有飘带；上衣领口不要有带状装饰等。因为长飘带等带状物一旦把宝宝挂住、卡住或勒住，就会成为“凶器”。

为宝宝选购新鞋

要穿着跟脚。鞋的长短、宽窄、鞋面高矮，这些都要与宝宝的脚形相配才行。给宝宝买鞋，要让宝宝试穿，跟脚、舒服才可以。宝宝脚长得快，三四个月就得换双鞋，因此，父母只需买当季穿的，别做“长远打算”，有两三双够换的就行。

要便于穿脱。让宝宝系、解鞋带，是件挺难的事。要么拽成死扣，要么鞋带开着，会让宝宝不小心绊一跤。拖鞋虽然穿脱方便，但不跟脚，重心前移，也不宜久穿。而带搭扣的鞋既方便穿脱，又能跟脚，是给宝宝的好选择。

要有助于发育。宝宝的脚趾，几乎一样齐，所以怕穿尖头鞋。尖头鞋的鞋头窄，让宝宝的脚趾挤在一起，容易形成“嵌甲（趾甲向肉里长）”“浮趾（大脚趾搭在第二趾的上面）”。宝宝会走以后，不宜再穿软底鞋，要改穿硬底鞋，因为硬底鞋有弹性，有助于足弓的发育。

小宝宝更需要规律的生活

虽说小宝宝一天的生活，不外乎吃、喝、拉、撒、睡、玩等几件事，但是大人安排得井然有序，还是杂乱无章，效果可就大不一样了。生活是否有规律，是关系宝宝心理健康的大事。

心理学的研究表明，引起小宝宝不愉快甚至发怒的原因，主要是一些生活环节，如不愿吃饭、洗脸、上厕所、上床睡觉等，这和 3 岁以上的大孩子有明显不同。大孩子心里不痛快，主要因为不被注意、不许参加某项活动、不愿和别人分享玩具等引起。所以，安排好小宝宝的一日生活，形成规律，习惯成自然：该吃饭了正饿，该睡觉了正困，醒来精神足；大便有规律，小便能控制，干干净净。这样宝宝就能有愉快的情绪，不爱哭。情绪好，是心理健康的表现；情绪好，学什么也快，宝宝更加聪明可爱。

安顿小宝宝一天的生活，主要抓住睡、吃、拉、撒几个环节。

睡眠习惯

安顿宝宝睡眠要准时，语气要和蔼、坚决，不容“讨价还价”。睡前不要玩得太欢，晚饭不宜过饱。环境安静，空气清新，睡惯的床、被和枕，都有催眠作用。一般而言，1~2 岁每天睡 13~14 个小时，2~3 岁每天睡 12~13 个小时就足够了。并非睡得越多越好，不要让孩子早早就躺在床上，或醒了还不起床，否则，孩子觉得无聊，就容易添毛病，比如，吸吮手指、被角等解闷儿。

饮食习惯

孩子吃饭香甜，本是一件极其自然、不必强求的事。可是有的孩子见饭就饱，这常常是因为没有养成好的饮食习惯所致。

从生理上讲，人体调节食欲的中枢有两处：一是“饱中枢”，一是“摄食中枢”。两者相互对抗，一处兴奋，另一处就抑制。在“饱中枢”里有葡萄糖感受器，血糖升高刺激该感受器，使之兴奋，就抑制食欲。这就是“甜食败胃口”的道理。另外，咀嚼以及食物进入胃，均可反射性地引起该中枢兴奋，嘴不闲着，胃总不能排空，没有饥饿感，自然见饭就饱。

从心理上讲，尽早结束“饭来张口”，让孩子学着自己吃，会增加孩子对吃饭的兴趣。一两岁时，可以学着用勺吃饭，而大人用另一个勺喂饱他。三岁左右就能吃得干净利索了。另外，家长对孩子的食量不必过于敏感，偶尔少吃几口没关系。若是顿顿饭都得达到大人认为的“标准”，免不了就会强喂、恐吓，在这样的气氛下，孩子哪能吃得有滋味呢？

排便习惯

一般在两岁左右，孩子已具备控制大便和排尿的能力，但还需要对他们进行耐心训练，才能做到定时排大便和对排尿的约束。在训练孩子坐盆排便的过程中，不要让孩子把便盆当小板凳用，一坐就是老半天。建议养成早饭后排大便的习惯。如果大便不定时，有了“便意”，却正玩在兴头上，“憋”回去了，久了，就会便秘。

家庭护理中的晨检和午检

晨检和午检，是托儿所和幼儿园重要的保健措施。其实，家庭中也需要晨、午检，这对及时发现宝宝身体上的异常表现，尽早进行干预，有着重要的意义。晨、午检，可以概括为“一触、二看、三问、四查”。具体操作的重点如下：

触

宝宝早上或午睡后醒来，发蔫、犯脾气，小脸还有点儿红，人们习惯于摸摸宝宝的手心，以此来判断是不是发烧了。但是，如果发烧，在体温上升之际，因为末梢循环差，往往手心发凉。大人可以用自己的额头来感受宝宝额头的温度。怀疑偏高，则用体温计测出准确度数。

不过，测体温，除了看看宝宝是不是在发烧，还要看看体温波动的幅度是否在一天之内超过了 1℃。举例：早晨测，腋下体温为 36℃，这并不足以放心，还要在中午和傍晚各测一次。中午，36.7℃，傍晚 37.2℃。单个看，都不发烧，但是体温波动的幅度大于 1℃，这往往反映机体有“内热”，也就是俗话说的“上火”了。

看

宝宝早上醒来，不想吃早饭，或吃午饭时没有食欲，大人别忘了看看宝宝的舌头，因为“舌为内脏的一面镜子”。如果消化功能正常，则舌体淡红，上有薄薄的、均匀的白苔。若舌苔厚腻，呈黄色、褐色，且伴有口臭，表明已有“食积”，需要在饮食上做出调整，少肉多菜，少食多饮，尽快使消化功能恢复正常。

问

对吃饭不香的宝宝，一定要“问便”。若排便不畅，要进行调理，比如，吃几顿菜多的大馅饺子，喝几回小米粥，并提醒宝宝喝水。

如果一两周前曾患过猩红热、脓疱疮，一定要“问尿”。让宝宝把小便尿在白色便盆里，以便观察尿色（得过上述疾病之后，有可能发生“急性肾炎”，尿色有改变）。

查

许多传染病会导致出皮疹。除了手足口病，出疹性传染病皮疹的出现部位，最早是在耳后、发际和颈部，然后才是前胸、后背。

所以，检查宝宝有没有出皮疹，要先查耳后、发际和颈部。手足口病，除了口腔内有疱疹，皮疹还集中在指甲、趾甲周围和臀部。

三招“盘点”宝宝健康

对于有小宝宝的家庭，自然常常会想到盘点一下宝宝的健康。可是家里不像医院，没什么测评仪器，怎么盘点呢？其实也很简单，只需一卷软尺来量一量，再数一数、摸一摸，也能对宝宝的健康做到心中有数。

量一量

一量头围。头围反映脑的体积大小。刚出生的宝宝，头围大约是 34 厘米，长到半岁就能有 42 厘米左右了（半年间长了 8 厘米），后半年约再长 3 厘米，到 1 岁时头围就能达到 45 厘米左右。1~2 岁一共约长 2 厘米，2~4 岁一共约长 1.5 厘米，4~10 岁一共再长 1.5 厘米，10 岁以后头围就长不了多少了。如果宝宝头围的增长正常，就别再盼着“越大越好”，并不是“头越大越聪明”。

为了量得准，得按一定的方法：将软尺零点固定于宝宝右侧眉弓的上缘，软尺从头的右侧向后，经过枕骨粗隆（后脑勺稍隆起的两处骨头）最高处，回至零点，左右对称，测时软尺紧贴头皮。

二量胸围。胸围反映胸廓肌肉、皮下脂肪及肺的发育程度。婴儿出生时的胸围在 31~33 厘米，比头围小 1~2 厘米。一般在 12~18 个月时胸围赶上头围，以后超过头围。父母一定要关注头围和胸围“赛跑”时，胸围在多大月龄赶上头围。因为，营养状况好的宝宝，不用到 12 个月，早早就赶上了；而营养状况差，胸围总是落后，“小胸脯、大脑袋”，这可就得认真对待了。

量胸围，宝宝或卧或站（不取坐位），卧位时两手平放体侧，站位时两手自然下垂。让宝宝平静呼吸，将软尺零点固定在宝宝乳头下缘，将软尺绕向右侧，经后背的两肩胛骨下缘，自左侧回至零点，前后左右应对称。

三量身长。有的父母只看重给宝宝测体重，其实身长也是反映宝宝生长发育状况的重要指标。特别是“以身长别体重”（根据身长，判断相应该有多重）更是判断身材是否匀称的一项指标。满 1 岁以后，每 3 个月测身高。判断身高与

体重是否匹配，也就是体型是否匀称，匀称是健康的表现。如果身高在“上”的等级，体重在“下”的等级，体型为“豆芽菜”;如果身高在“下”，体重在“上”，为“胖墩儿”，都需要调理。宝宝出生时的身长大约 50 厘米。身长的增长也是出生后的头半年最快，平均每个月约长 2.5 厘米。第二年，增加 10 厘米左右。以后每年长 4~7.5 厘米。1 岁以后的平均身长可依 [（年龄 ×5）+80] 厘米的公式来推算。

关于身长，还应每半年观察上部量和下部量的比例变化。自头部至耻骨联合的上缘为上部量；自耻骨联合的上缘至足底为下部量。出生时，上部量明显比下部量长。随着年龄增长，下肢比躯干长得快些，一般到 12 岁时，上下部量相等。上部量关系到脊柱的生长，下部量关系到下肢的生长。先天性骨骼发育异常与内分泌疾病，可致上下部量的比例明显失常。

四量上臂围。这项测量可以间接反映体脂的多少，有助于判断儿童的营养状况。测量点为上臂的中点，测时手臂下垂或平放。软尺不松不紧环绕一周。以下数值可供参考:1~5 岁，男孩为 14.5~16.5 厘米;女孩为 14.3~16.3 厘米。

数一数

发育正常的宝宝，乳牙也会适时萌出，而且牙质优良。所谓适时，是指早一般在 4 个月左右，迟一般在 10 个月左右萌出，都是正常的。乳牙萌出的平均月龄和顺序请参考第 25 页相关内容。

到 2 岁半左右，20 颗乳牙就会出齐了。在上面中间 4 颗牙和下面中间 4 颗牙萌出之后，隔 1 个牙位，第一乳磨牙萌出。别为中间出现空位而担心，随后乳尖牙就会萌出，把空位补上了。

摸一摸

宝宝出生时，前囟的斜径约 2.5 厘米。一般于 12~18 个月时前囟闭合。如果前囟迟迟不闭合，也是一项佝偻病的体征。

第二章 四季健康

健健康康过春天

春阳和煦，但需巧晒；春暖花开，要防过敏；乍暖还寒，衣着勤“变”；春季干燥，滋润有“方”。生活细节，关系健康。

春阳和煦，但需巧晒

一冬天“宅”在家里的宝宝，终于可以常到户外晒晒太阳了。但切记：悠着点儿，一开始每天晒 10 分钟左右，慢慢延长时间。“悠着晒”可以预防“婴儿手足搐搦症”（不发烧的抽风）。

春暖花开，要防过敏

有的宝宝一到花卉多的地方就喷嚏连连，人称“假感冒”，实为“过敏性鼻炎”。父母应带宝宝去医院变态反应科，查清宝宝对什么过敏，躲着致敏原。

踏青，吃农家饭，尝尝野菜。但是，如果贪吃了未经泡、焯的野菜（荠菜、马齿苋、灰菜等），又经一路暴晒，很可能得上“植物日光性皮炎”，脸肿得睁不开眼睛。所以，野菜尝尝就好，踏青要避免暴晒。

乍暖还寒，衣着勤“变”

为了应对春季的气温，有“春捂”之说。但是，对于“火力旺”的宝宝来说，只强调“捂”并不恰当。如果“捂”得过暖，出了一身大汗，风一吹，反而容易着凉。且穿戴过多，活动受限，血脉不通，脚反而凉，“寒从足下起”。

春季，气温变化大，可根据室内、室外，早、中、晚，降温、回暖增减衣服。一个“变”字，突出保暖适度。

春季干燥，滋润有“方”

春季空气干燥，从鼻到气管、到肺，都不舒坦，容易流鼻血、咳嗽。

润燥有“方”。介绍一种食材：萝卜（白萝卜、心里美、青萝卜等）。洗净、切丝，或凉拌，或萝卜丝汆丸子。萝卜富含维生素 C，可增强毛细血管的韧性，防止鼻出血。萝卜还可助肠蠕动，“肺与大肠相表里”，便畅，肺也舒坦。

春季，严防“飞沫传染病”

春季是流感、水痘、麻疹等飞沫传染病的高发季节，病毒随着病人咳嗽、喷嚏或说话时喷出的唾沫星传播，而婴幼儿是易感人群。

居室常通风，宝宝常洗手

雾霾天，要关好窗户，防霾防尘。在好天气里，坚持开窗通风，可以有效地降低室内“飞沫”的浓度。尽管宝宝很少会去人多的场所，但是大人每天外出，就成为病毒、病菌的携带者，成为“传染源”。大人在大声说话、咳嗽、打喷嚏时，喷出的“飞沫”（或称气雾）带着病毒、病菌，散布在空气中，呈飘浮状态，可达数小时。宝宝吸入后，病原入体。勤通风可将污浊的空气赶出居室。

另外，“飞沫”沉降下来，污染了环境，被到处摸的宝宝弄到手上，再摸鼻子、揉眼睛、吸吮手指，也会病原入体。所以，勤洗手是预防飞沫传染病的有效措施。

加强抵抗力，识别、调理“亚健康”

抵抗力强的宝宝，“正气内存，邪不可干”；处于“亚健康”状态的宝宝，抵抗力弱，易感染疾病。早识别、早调理“亚健康”状态，也是防病的重要措施。

识别“亚健康”的办法有三：

(1) 测体温。早、中、晚各测一次，虽然没发烧，但体温波动的幅度大于 1℃，表示有“内热”（如晨测体温为 35.9℃，傍晚测为 37.1℃）。

(2) 问二便。尿黄、大便干，表示体内代谢产物排出不畅，有内热易外感。

(3) 看舌苔。舌苔变厚、发黄、伴口臭，属于“亚健康”。

调理“亚健康”，重点有三：

(1) 冷暖适宜。不“捂”、不“冻”。根据环境温度变化，适度增减衣服。

(2) 运动适度。出微汗，不出大汗。有汗及时擦干。

(3) 饮食适量。每天吃适量的深色蔬菜和黄色、橙色的水果，获取“抗氧化物”。

酷暑需防“着凉”

暑天，人们习惯称小儿感冒为“热伤风”，认为是因为“受热”使抵抗力下降，病毒才趁虚而入。但是，认真分析，宝宝夏季感冒常常是“着凉”所致。大热天，怎么会“着凉”呢？主要因为室内外的温差过大所致。

内、外两重天

室外是高温酷暑，室内是空调营造的清凉世界，舒适的环境让宝宝能吃好、睡好。但是，清凉到什么程度却是需要把握好分寸的。有的父母觉得“小孩火力壮”，因此把温度设在 18℃以下，认为有那么一种“透心凉”的感觉，看不出宝宝出汗，才算舒适，才能平安度夏。其实，这么做并不“平安”。

宝宝总待在“透心凉”的环境中，一旦出到户外，汗腺不能马上处于“积极工作的状态”，出现“汗闭”，该出汗的时候出不了汗，影响了体热的发散。“热积于内”，当有病毒入侵时，“正不压邪”，就会发生“热伤风”。

同样，由高温的室外进入“透心凉”的室内，机体突然受到冷刺激，也会导致体温调节失控，用俗话说就是“被激着了”，也是“热伤风”的诱因。

预防宝宝“着凉”该怎么办

使用空调，室内外温差在 5℃ ~7℃为宜。人在房间不觉得热，也不觉得凉，为适度。使用空调时，每天也要适当开窗通风几次，清除室内污浊的空气（病毒混在其中）。自室外送入的热风，也锻炼了宝宝对气温变化的适应能力。

避开阳光最强的时段，每天让宝宝在户外接受一些紫外线（在阴凉处）、吹吹风、出出汗，回家洗个温水澡。不要冲凉，以免“激着”宝宝。

从室外回家，若马上喝冰水或冰饮料，会使胃肠的温度骤降，不仅可引起胃痛、腹痛，还会削弱肠道的屏障作用，也会引起“着凉”。晾凉的白开水兑些鲜榨的果汁，或放在室温下的绿豆汤，是夏季最好的饮料。

适合宝宝的“冬病夏防”

“冬病”，一般是指某些好发于冬季或者在冬季容易加重的疾病。比如说哮喘、慢性支气管炎等疾病都属于冬病。“夏治”，一般是指穴位敷贴等具有中医特色的治疗方法。

“冬病夏治”并非适用于任何年龄。穴位敷贴，不适合 2 岁以下的婴幼儿。然而，“冬病夏防”却对婴幼儿特别适用。冬季是呼吸系统疾病的高发季节。寒冷、空气污浊（细菌、病毒密度大）是外因，体质虚弱是内因。夏季，正是增强体质的好季节。

夏季，轻松防治佝偻病

佝偻病是 3 岁以下小儿的常见病，俗称“软骨病”。人们常认为“补钙”就可以防治佝偻病。其实不然，佝偻病的全称是“维生素 D 缺乏性佝偻病”，患病的原因是体内缺乏维生素 D，因而体内的钙不能被充分吸收利用。小儿佝偻病不仅影响骨健康，还会使小儿体质虚弱，免疫力低下。中医认为佝偻病“五迟”（立迟、行迟、发迟、齿迟、语迟）和“易感风寒”。

夏季是防治佝偻病的好季节。早上和傍晚，在太阳光不强烈的时候，让宝宝接受阳光照射 20 分钟左右，就能收获足够的维生素 D，帮助钙的吸收。夏天，宝宝的体质得到增强，到了冬天，就不容易生病了。

夏季，是恢复气管“自净”作用的好季节

气管内壁有的细胞带有纤毛，有的细胞分泌黏液。当空气夹杂着灰尘进入气管以后，灰尘被黏液裹住，摆动的纤毛把它们“扫”出气管，咳出喉咙。这样就净化了入肺的空气。

冬春季节是呼吸系统疾病的高发季节，孩子每一次生病都会使气管内壁受到损伤，纤毛脱落，影响气管的自净作用，容易受到感染。有的孩子甚至成为“复

感儿”，连续被感染。

夏季，可以说是呼吸系统疾病的“间歇期”，要利用这段时间修复受伤的气管黏膜，起到“冬病夏防”的作用。如何进行修复呢？最重要的就是保证气管内壁细胞获得充足的营养，其中最重要的营养就是维生素 A 或者胡萝卜素。

夏季，耐寒、耐热锻炼从这里开始

从夏天开始用冷水洗脸，坚持到冬天，鼻腔对冷的刺激适应能力加强，冬天就不易伤风感冒了。

要增强体质还要包括耐热训练。宝宝不宜整天待在有空调的房间里，每天适当户外活动，适量出汗有利于宝宝的生长发育。中医理论讲“夏天需要发散”，需要把淤积在体内的各种“毒素”发散出去，出汗就是非常重要的发散方式之一。

宝宝耐寒、耐热能力提高了，冬天因为着凉、受热引起的感冒也就少了。

小贴士

青睐深颜色蔬菜

蔬菜的颜色多种多样，一般深颜色的蔬菜富含胡萝卜素。比如，100克的西蓝花含有胡萝卜素7210微克，而普通菜花含量仅为30微克。100克的小白菜含胡萝卜素1680微克，大白菜的含量仅为30微克。多让深色蔬菜摆上餐桌，就能让宝宝得到比较充足的胡萝卜素来源。

夏季，预防皮肤疾病

夏季气温高、湿度大，加上蚊虫多，呵护好宝宝的皮肤，预防皮肤疾病，是保健中的大事。

防皮炎

玩沙、玩土需防“沙土性皮炎”。沙土性皮炎表现为接触沙、土的皮肤，出现小米粒大小的淡红色皮疹，宝宝感觉痒。在外玩沙时，家长最好带瓶清水，便于及时给宝宝冲洗。回到家后，仔细把宝宝身体上接触到沙子的部位清洗干净，并换上干净的衣物。

还有一种“凉席皮炎”（由螨虫引起）。父母最好将宝宝使用的凉席先烫过或暴晒后再用，并且在上面铺块床单吸汗。

防烫伤

夏季衣着单薄，易发生烫伤。不要让宝宝接近任何热源。等热汤、热粥较凉了再端上桌。洗澡水未兑好温度前，不要让宝宝脱了衣服等在旁边。

万一烫伤了，应该立即用凉水使局部降温。烫出了泡，别压、别挤，别把泡弄破，尽快去医院诊治。

防传染

因瘙痒抓破皮肤，感染病菌，可患化脓性皮肤病，俗称“黄水疮”。黄水（脓液）中有病菌，可造成传染（自身传染添新疮或传染给别人）。勤洗澡、勤换内衣，于防、于治均有效。如果家长有足癣（脚气），拖鞋、凉鞋、毛巾等一定要专用。

防暴晒

宝宝娇嫩的皮肤经不住紫外线的强烈刺激，容易被灼伤，出现“晒斑”（边界清楚的水肿性红斑，甚至出现水疱）。特别是皮肤白嫩的宝宝，更容易被灼伤。

上午 10 点前和下午 5 点后，让宝宝到户外的阴凉处玩耍，避免暴晒。 正午时，尽量避免让宝宝出门。

防淹沤

流了口水，轻轻擦干；淋了雨，到家洗个温水澡；刚从外面回到家，别马上冲凉（不然会使毛孔收缩，汗液排出不畅），等汗稍微干后再洗；胖宝宝脖子、腋窝和大腿根等处，最易“捂汗”，使皮肤被淹沤。这种情况需要勤洗，洗完后，用柔软的毛巾把水吸干。

防叮咬

防蚊的方法挺多，但是在宝宝的皮肤上大面积地涂花露水，并不可取（花露水含酒精，刺激皮肤）。用母乳给宝宝抹脸（认为可以营养皮肤）也不可取（易招来虫叮、虫咬）。在宝宝衣服上粘贴驱蚊贴，或者为宝宝穿一件轻薄的长袖防晒服是相对比较安全的防蚊方法。在户外玩时，还要小心宝宝被蚁咬、蜂蜇，提醒宝宝别去毁别人的“家”（蚁巢、蜂窝等）。

夏日保健水为先

夏日保健水为先，宝宝的饮水，既要保证量，又要保证质。

水的收支平衡——健康的基石

从人体对水的需要量来说，年龄越小，对水的需要量也相对较多。按每日每千克体重计算：1~3 岁，需要 100~140 毫升；3~7 岁，90 ~100 毫升。

缺水的三大危害：

(1) 新陈代谢紊乱。一切酶都需要在“水环境”中才有活性。

(2) 毒素滞留体内，大便干燥。

(3) 尿少，冲刷泌尿道的作用减弱，易发生“上行性泌尿道感染”。

提供饮水有技巧，“定时”加“随时”。定时饮水：比如早晨起床后、外出活动后、两餐之间等，提醒宝宝喝水。但仅定时饮水还不够，因为天气冷热、饭菜咸淡、活动量，这些都会影响宝宝对水的需要量。教会宝宝主动要水喝。口干就要喝水，不能等渴极了才暴饮一通。

主打饮料白开水，防止“偏饮”

白开水的主打地位不能动摇。它最符合饮用水源的要求：清洁、充足、价廉、养人。不甜的不喝，不带汽儿的不喝，是“偏饮”。偏饮让宝宝很受伤。“甜”，摄入的蔗糖，添了不少热量；“汽儿”，碳酸，使已经沉积在骨骼里的钙，又纷纷溜出来，补钙白补了。

“吃水”与“喝水”结合，水源更足

酷暑，家庭自制些饮料，比如绿豆汤、荷叶汤、酸梅汤等，既换换口味，又具清热去暑之效。另外，“吃水”也可补充水分：冬瓜、橙子等富水蔬菜、水果，不仅水质好，还含有维生素 C 等营养成分。

“秋冻”要适度

天气渐凉，人们不禁想起“春捂秋冻”这句老话。虽然现在家庭生活条件好了，室内有空调，室外也不会让孩子冻着，但是，适当的“秋冻”也还是必要的。

“若要小儿安，三分饥与寒”

中医保健有句名言:“若要小儿安,三分饥与寒”,饥与寒,强调“三分”。那么，如何理解这个“三分”呢? 就是不能过分，要适度，否则事与愿违。

明代著名育儿书《育婴家秘》一书中写到 :“饥，谓节其饮食也；寒，谓适其寒温也。勿令太饱，太暖之意；非不食、不衣之谬说也”。对于脏腑娇嫩的宝宝来说,应该进行耐寒锻炼,增加机体对寒冷的适应能力,但并不是主张“耐寒锻炼”就是“冻”，而是强调“三分寒”。

如何把握“三分寒”

以下方法可供参考 :

⑴ 从夏秋季开始，早晨用凉水洗脸，晚上再用温水洗。

⑵ 非恶劣天气，坚持开窗通风。天冷时，别让室温降到 18℃以下，勿让风直吹孩子。在宝宝睡觉快醒时，室内要暖和。

⑶ 秋季,气温变化大,要根据环境温度变化增减衣服,既不“捂”也不“冻”，以宝宝手足暖，但不沁出汗珠为适度。

⑷ 鞋要保暖，入秋不能再穿凉鞋。因为“寒从脚下起”，脚受寒，鼻黏膜的血管收缩，作为人体屏障的鼻腔，防御功能被削弱，容易感冒。

⑸ 每天有一小时左右的户外活动，别总“宅”在屋里。

应对秋季腹泻

每年从 10 月一直到春节前后，婴幼儿的家长常会谈到一种流行病，那就是秋季腹泻。这种病易传染，病势来得凶险，不同于一般的“闹肚子”。

秋季腹泻，轮状病毒是元凶

一种放大十万倍后才能被肉眼看到的、呈车轮状的病毒，就是轮状病毒。它的生命力极强，能耐 50℃的高温，能抗零下 20℃的严寒。一旦让它进入婴幼儿的体内，短短两三天，少数病毒就能繁衍出百万子孙，大闹肠道。

引起人体脱水、酸中毒

感染了轮状病毒后，经过两三天的潜伏期便开始出现症状。患儿先是发高烧、呕吐，紧接着腹泻，一天十来次甚至更多，大便呈黄色稀水样或蛋花汤样。随着体内水分的大量流失，钠、钾等电解质也大量丢失，出现脱水、酸中毒。

如何判断有没有发生脱水

医生根据患儿的症状，将病情分为未脱水、轻度脱水、中度脱水、重度脱水，并采取针对性的治疗措施。作为家长，要分出脱水程度的轻、中、重确实不易，但是可以分辨出是不是脱水了，这对及早就医非常有帮助。

口服补液盐起什么作用

重度脱水，需要静脉输液。病情不太严重，医生会让家长用“口服补液盐”的方法来纠正病儿脱水。“补液”是一种治疗手段，要补的不仅仅是水分，还有钠、钾等电解质。“口服补液盐”含氯化钠、氯化钾、碳酸氢钠和葡萄糖，按说明稀释后，少量、多次服用，可以纠正轻度的脱水、酸中毒。

腹泻不必禁食，但吃什么有讲究

尚未断母乳的婴儿，可不换奶粉，在两次喂奶之间，少量多次喂口服补液盐。已加辅食的婴幼儿，在患病期间不添加新的辅食。幼儿的“病号饭”，少渣、少油、少食、多餐。依病情轻重可选择流质、半流质、半固体或固体食物。

为何腹泻迁延不愈

由轮状病毒引起的秋季腹泻，是一种自愈性的疾病，别看它来势凶猛，只要挺过脱水、酸中毒阶段，经过一段时间后肠道会自然恢复正常的功能。一般情况下，呕吐在病后三天左右消失，腹泻在一周左右停止。

但是有少数病儿，腹泻超过两周甚至更多，这很可能是由于出现“乳糖不耐受”现象所致：由于轮状病毒的入侵，破坏了肠道的乳糖酶，使喝牛奶的孩子出现腹泻久久不愈的症状。可以暂停牛奶，也可以改喝酸奶。待完全康复后，再扩大乳品的种类。

如何预防秋季腹泻

口服轮状病毒疫苗是最直接的预防方法；避免病从口入是最必要的预防方式。轮状病毒以“粪—口”途径来传播。病毒从病儿体内大量排出后污染环境，再通过水、食物到达口。更为重要的是小孩子的“手—口”行为多，更容易受到感染，所以要给孩子勤洗手；若到医院看病，看好孩子别到处乱摸；还要帮助孩子改掉把手放入口中的毛病。

小贴士

会识别“脱水”很重要

判断宝宝是否有脱水症状，家长可以用“一摸、二看、三捏”的办法，初步得知病情的轻重。“一摸”，囟门未闭的婴儿，若囟门凹陷，表示有脱水症状；“二看”，看精神状态，看尿量，若宝宝精神很差，尿量、尿次明显减少，表示有脱水症状；“三捏”，捏起病儿肚脐旁的皮肤，放手，若皮肤皱褶变平的时间超过两秒，表示宝宝皮肤因脱水而弹性差，需及时补水。

冬季，呵护宝宝娇嫩的肌肤

冬季，寒风的强烈刺激，往往会损伤宝宝娇嫩的皮肤。如何在寒冷的季节，保护宝宝娇嫩的皮肤呢？从最容易出现的皮肤损害说起。

皴裂。在寒风的刺激下，皮肤失去的水分过多，表皮增厚、干燥、失去弹性。宝宝小脸、小手的皮肤容易变得粗糙，甚至出现裂纹。所以，洗完手、脸，尽快擦干，抹一层保湿润肤膏，锁住水分。

冻伤。宝宝还不会保护自己。有的时候宝宝贪玩，如果大人不注意，宝宝就很容易手指冻伤，又红又肿，又疼又痒。虽春暖可愈，但入冬后可能复发。若发生冻伤，切勿马上用火烤、用热水烫。大人应把自己的手搓热了，给孩子轻搓双手，再外用冻疮药膏。

舌舔皮炎。天气干燥，如果饮水不足，饮食中缺乏富含维生素 B_2（核黄素）的食物，容易引起嘴唇发干。此时，宝宝会用舌头去舔嘴唇，导致越舔越干，嘴唇出现裂纹。对策是多喝水，吃富含核黄素的食物，如玉米、小米、胡萝卜、鱼、虾、蛋、蘑菇、绿叶蔬菜等。

呵护皮肤，四要点

防寒。鞋袜要保暖。衣服稍宽松，袖口要扣紧。不要让宝宝玩冷水。如果宝宝戴着手套接触冰，冰吸热后融化，很容易冻伤宝宝手指。

清洁。雨雪天，蹚了水、玩了雪，回到家要及时洗手、洗脚，换上干净衣服、鞋袜。

保润。寒冷刺激使体表的血管收缩，皮脂腺分泌减少，皮肤变得干、脆，容易皴裂。要让宝宝习惯于这样的程序：洗—擦干—涂润肤油。

营养。膳食中有适量的维生素 A 或胡萝卜素可起到保养皮肤的作用（关于这两种营养素的食物来源，请参考第 114 页相关内容）。另外，有充足的饮水，皮肤才能“水灵”。

健康过年，“有序”是保障

很多父母有这样的困惑:为什么每次春节之后，宝宝都容易生病？什么病？多是感冒。为什么感冒？停食着凉。原因呢？与两个字有关——“无序”。睡眠、饮食、活动的正常规律被破坏，身体抵抗力下降，“正不压邪”，病毒肆虐。

该睡不睡，规律打乱

大人晚睡，听任宝宝一起“熬夜”。宝宝实在熬不住了，情绪一落千丈，闹觉。入睡后也睡不踏实。早上醒得晚，一睁眼，心里就不痛快，就是俗话说的“下床气儿”。再说因为早就过了平时吃早饭的时间，于是一天里面最重要的一顿饭——早饭，就这样“漏顿”了。这一“漏顿”，饮食的正常规律被打乱，早饭后排便的规律被破坏。机体内环境出现大的波动，是停食、着凉的诱因。要让宝宝按时入睡、按时起床，而吃好早餐，是饮食有节律的重要环节，不能漏顿。

零食不断，误了正餐

平日被“禁”的小零食，过节也出现了，宝宝哪里经得住诱惑？小肚子里装满了薯条、糖果等容易带来饱腹感的零食，再加上丰盛的午饭、晚饭，高蛋白、高脂肪……宝宝怎么能消化得了，怎么能不停食？所以说，饮食有节（节律和节制），在节假日也不能有例外。

要么不动，要么累瘫

有父母陪着在家玩，宝宝的兴致更高。几天下来，没怎么走动，乍一出屋，温差太大，容易着凉。有的父母带着宝宝到户外去玩，一玩就玩个够，直到宝宝累趴下，在父母的怀里就睡着了。风一吹，能不着凉吗？所以只要天气好，户外活动别取消，出点微汗，别累得出大汗。宝宝不能总“宅”着，也别“疯玩”，才不招病。

第三章 安全第一

“四根支柱”保安全

对于一个家庭来说，一旦宝宝受到意外伤害，那真好比是天塌下来了……

车祸、溺水、中毒、坠落……转眼间就会夺去一个个可爱的小生命，还有更多的孩子被“飞来横祸”击中，落下终生残疾。人们在追悔莫及的同时，常常发出这样的痛苦呼喊：“没想到啊”“就那么一会儿工夫”“一没留神”，然而痛定思痛，许多“意外伤害”本该是可以防范的。

西方学者约翰·戈登通过对“意外伤害”的长期调查研究后，得出这样的结论：“意外”的发生并不完全是偶然的，大多数“意外”可以找出直接或间接的原因。约翰·戈登认为造成“意外伤害”的因素有三：

(1) 人的因素，诸如年龄、反应快慢、认知能力、处事态度、安全意识等；

(2) 环境因素，诸如气候、季节、道路状况、家庭氛围等；

⑶ 物的因素，又称“动因”，是指导致意外发生的物体，如刀刃、水火、毒物等。

他进而强调，撑起“安全”这片天，需要四根支柱：“安全意识”“安全教育”“安全措施”和“急救知识”。

第一根支柱——家长的安全意识

带孩子出门，家人总要叮嘱一声“小心，注意安全”，等回到家似乎就踏上了“安全岛”，觉得可以松口气了。然而据统计，儿童发生意外伤害，最多的还是在家里。大人对潜在的危险熟视无睹，是最大的隐患。家是人们最容易忽略安全问题的地方。

大人要时时刻刻想着家里有位“探险家”“摆弄迷”，而且到手的东西他们都想“尝尝”。也许，取下漂亮的餐桌布，收起高雅的花瓶，藏起心爱的小摆设之后，房间顿显单调乏味，但是却消除了不少的隐患。设想一下，桌子上摆满了热汤、热菜，香气扑鼻，宝宝一拽桌布，热汤、热菜倒在脸上……

有必要从宝宝安全的角度重新审视一下房间的各个角落，墙上挂的、桌上放的、地上摆的，该收的收，该藏的藏，给宝宝一个安全的空间。

第二根支柱——对孩子进行安全教育

以孩子的眼睛看世界：汽车亮着前灯，那是“汽车伯伯瞪大了眼睛”，既然有那么大的眼睛，当然能看到过马路的小朋友。

在孩子的心里：如果小朋友不小心失足落水，鸭妈妈会赶来救起小朋友，大象也会赶来，让小朋友抱住它的长鼻子。

孩子眼里、心里的世界，往往充满了童话色彩，认识不到现实的残酷。所以，要对孩子进行安全教育。随着孩子渐渐长大，父母应该教给孩子种种有关自我保护的知识和技能，平日的点滴积累或“演习”，到关键时刻才能管用。

第三根支柱——必要的安全措施

新手父母们，不妨试试制定一份“育儿安全公约”。比如：只要和“药”字沾边的，仔细核对，认真读说明；不买比宝宝嘴小的玩具；距地面 1 米的范围为“危险区”，天天“扫雷”；给宝宝做吃的，一定要去核、去籽、去骨头渣、去刺。

有个公约，大人之间相互提醒，随时补充，使安全措施跟得上宝宝的身心发展。

第四根支柱——有备无患的急救知识

父母有空可以去学学急救知识，这是不分职业的生存知识。比如：发生一氧化碳中毒，当务之急是让中毒者吸到新鲜空气；伤者被撞击腰部，抬伤者时要使伤者的腰部保持平直，以免伤及脊髓；发生烫伤，当即用冷疗——用自来水等清水冲 15 分钟左右；心肺复苏术……

提高警觉，防范窒息危害

在 0~3 岁幼儿意外死亡的“死因排位”中，窒息列在首位。看似偶然的意外，却与看护人缺乏对潜在危险的警觉和缺乏有效的防范措施有关。

潜在的危险——捂

这一点对新生儿来说，尤其要注意。新生儿头沉、颈部无力，如果口鼻被捂住了，无力摆脱。父母对潜在的危险，一定要有所警觉。比如：

(1) 母亲侧卧着给宝宝喂奶，自己睡着了。松软的乳房，堵住了孩子的口鼻。

(2) 哺乳后，马上让宝宝躺下，仰卧。漾出的奶呛入气管。

(3) 家里养的猫、狗跳进小床，压住孩子的头。

(4) 婴儿床被当成杂物架，毛巾、尿布搭在床栏杆上。杂物落下，盖住孩子的脸。

(5) 带孩子外出，怕孩子冷，用衣物蒙住孩子的头。

潜在的危险——呛

呕吐物、坚果、硬糖和小物件等，是呛入气管最多见的异物。感冒发烧常引起恶心、呕吐。恶心时，扶宝宝坐起，让其头略低，轻拍其背，避免呕吐物呛入气管。不给宝宝吃整粒的坚果。教育宝宝：口含食物时要细嚼慢咽，不说笑打闹；别把小物件送入口中，万一入口，千万别吓唬宝宝，要哄着宝宝吐出来，否则一哭一闹，倒吸气，更易呛着。

潜在的危险——噎

汤圆、果冻、荔枝、樱桃、葡萄等因其外形圆滑，易被整粒吞入，因噎而窒息。尽量别给宝宝吃汤圆，若吃，夹碎了小口吃，注意慢咽；不给孩子吃果冻；葡萄等浆果可切碎或榨汁给宝宝吃。

潜在的危险——勒

给宝宝穿小西服，配小领带，飘动的领带可能成为“杀手”。给宝宝戴有系绳的帽子，脱帽却不解绳，也存在隐患。挂在宝宝脖子上的平安结、平安锁，绳子一旦被挂住，就不“平安”了……

衣着服饰，安全第一。脖子上尽量不要有带子、绳子。多一分预见，多一分安全；少一分疏忽，少一分意外。

小贴士

小手套带来的意外

这个案例，用来提醒父母，“一分疏忽，一分隐患”。

宝宝的小手“没轻没重”，有时把小脸抓破了，或碰了眼睛，大人就给宝宝缝个小手套戴上。不幸的是，手套里留有一段线，孩子的手指被套上、缠住了，开始因为疼哭，后来麻木了，也就没反应了。偏偏家人粗心，认为孩子哭是要吃。手套一戴就是几天，待摘下手套一看，手指头已经坏死了，医生不得不截去手指。

其实，这类不幸是完全可以避免的。孩子哭闹要找找原因，不一定是因为饥渴等常见原因。如果戴小手套，要每天摘下来，洗洗手再戴上。为防宝宝抓伤自己，最好的办法是趁宝宝熟睡时小心地给他剪指甲，并且把剪下的指甲屑清除干净。

摔着头，磕出包

宝宝喜欢登梯爬高、跑跑跳跳，但是平衡能力差、头又沉，所以摔着头的情况并不少见。若是重伤，头破血流、昏迷、抽搐，自然是赶紧去医院。但是，更多的情况是，只磕出包，或摔后马上哭出来了，似乎“无大碍”。这种情况反而更考验大人的知识储备和处理能力。

磕出包，该怎么处理

揉，还是不揉？头上磕出了青包（血管破裂，引起瘀血，形成血肿），不能揉。揉，不仅更疼，而且加重出血。不揉，经过几天，血肿就慢慢被吸收了。

冷敷，还是热敷？皮肤没有伤口（开放伤），应立即冷敷。在血肿部位，用毛巾包着冰块（别用冰块直接贴着皮肤）冷敷至少 15 分钟，有助于止住皮下出血。一到两天后，可用热敷促进血肿消散。

摔着头，尤其是后脑勺着地，该怎么处理

脸着地，可能额头磕出包，可能鼻出血，但是伤着脑的危险较小。后脑勺着地，又是硬地，就另说了。睁眼了，哭出声来了，是不是就没事了？摔着、磕着后脑勺，但很快就醒过来了，大人也应至少在 48 小时之内密切观察孩子有没有脑震荡、脑损伤的征兆。如有异常，及时就医。

观察入睡的情况。受了惊吓、大哭一场后，宝宝会困乏入睡。观察睡眠时的呼吸情况，是否平稳、有节律。别任由孩子“久睡”，过段时间，就叫醒孩子一次，观察一下精神状态。如果反常地安静，或是烦躁不安；或是很难叫醒、处于昏睡；或是虽能睁眼，但迷迷糊糊，就该引起警觉。这些表现，并非困乏所致。因为若有颅内出血，会有受伤后“昏迷—清醒—再度昏迷”的过程。

观察呕吐情况。吐一两次，不一定是伤着大脑了。如果频频呕吐，而且没有恶心就喷出来，就要引起警觉。因为伤及脑，频吐、喷射性呕吐是明显的症状。

玩具上的安全问题

活泼好动是孩子的天性，凡是到手的东西都会兴致勃勃地玩上一会儿，然而危险就在其中。那么，孩子该玩什么？玩具安全吗？

危险之物，决不能让孩子弄到手，当成玩具

玻璃杯、打火机、药、剪刀、刀片、口红、喷雾杀虫剂等，要放在孩子拿不到的地方。一些细长的硬物，不能拿着玩。比如筷子、牙签、削尖的铅笔、铁丝等。把一些细长的硬物叼在嘴里玩更是危险。比如叼筷子、叼铅笔或边玩边吃带竹签的食物。家长一定要对孩子进行这方面的安全教育，一旦发现马上制止。

买玩具，首先考虑安全性

3 岁以下的宝宝喜欢啃咬玩具，为防止发生意外，不要买涂漆的玩具。很多金属玩具、积木等都要喷漆。而在各种颜色中，黄色漆的铅含量较高。不要买比嘴小的玩具，如颗粒很小的串珠、小玻璃球等。玩具的绳索要短，预防绳索缠颈发生窒息。

小贴士

检查玩具的安全性

- 仔细看玩具说明书上的安全警示、检验合格证以及安全使用期限。
- 留意玩具适用的年龄段，以确定它是否适合自己的宝宝使用。
- 检查玩具有否破裂及是否有突出的尖角和锐边。
- 选购塑料和毛绒玩具时，最好有“不易燃”的标签。
- 注意玩具是否存在伤害皮肤、眼睛的化学成分。
- 检查电动类玩具的电源及开关系统是否安全。
- 能发声响的玩具，是否噪声太大。

“伤筋动骨”的危险动作

说到“伤筋动骨”，人们会想到跌落、撞击等意外伤害。然而，对 1~4 岁的宝宝来说，伤筋动骨往往就发生在日常生活和嬉戏中。家长需要有所警觉，防患于未然。另外，还有两种“伤筋动骨”，一种十分常见，另一种十分隐蔽。

常见的关节损伤——牵拉肘

“牵拉肘”又叫“桡骨小头半脱位”，发生这种伤害的原因是：当宝宝的手臂处于伸直的位置时，手被猛力牵拉，伤及肘关节。肘关节受伤后，关节处疼痛，手臂不能上举，手不能握物，俗称“掉环儿”。

发生“牵拉肘”，常见于以下情景：上楼，宝宝蹲在地上，非要大人背着，大人一生气，“你给我起来”，猛地提拎了宝宝的手臂；冬天，宝宝穿得“里三层外三层”，给宝宝脱衣袖时，拉手过猛;过马路时，急急忙忙拉着宝宝快走几步，把手臂抻了。

发生“牵拉肘”，经医生处理后，很容易就“复位”了。但是，毕竟肘关节受过伤，如果不小心，很有可能再次受伤，落下“习惯性脱臼”的毛病。

切记：牵手莫忘护肘，别使猛劲儿。

隐蔽的骨损伤——软骨受伤

举两个例子。例一：组成人体骨盆的髋骨，是由髂骨、坐骨和耻骨这三块骨组成的。在儿童时期，这三块骨是借着软骨连接在一起的，直到发育成熟，软骨钙化，髋骨才成为一块结实的骨头。如果宝宝从高处往硬地上跳，骨盆被猛地一震，就可能伤及软骨，进而使三块骨之间的连接出现“错位”，埋下骨盆变形的隐患。例二：宝宝的八块腕骨，多数还是软骨，如果玩具分量太重，或玩掰手腕、拔河等游戏，就可能伤到软骨。

切记：别让宝宝从高处往硬地上跳；不要让手腕太用力。

第四章 心理呵护

吓唬孩子不可取

俗话说："初生牛犊不怕虎。"那么，一个天不怕地不怕的"初生牛犊"，怎么长到两三岁却变成十分胆小、怕这怕那的孩子了呢？孩子胆小，八成是大人吓唬出来的——这样说尽管有点失之偏颇，但不无道理。

一个新生儿或小婴儿，听到巨大的声响，或身体突然失去支持，也会因"吓一跳"而号啕大哭。但那是由于感觉器官直接受到刺激而引起的反应，刺激一过，雨过天晴。至于人们通常所说的"怕"，是指对危险的一种预感，是人们企图摆脱、逃避某种情景，又苦于无能为力时的一种情感。比如，一岁左右，怕陌生人，怕与亲人分离；两三岁，怕黑、怕小动物、怕雷声等。但是，这种怕并不强烈，也不持久，只要家长能正确引导，不会成为一种心理障碍。

可是，有些孩子不仅怕这怕那，而且恐惧的程度强烈、持久，成为一种心

理障碍，这就要从家长的育儿方法上找找原因了。

孩子的“怕”，有时是一种“共鸣”

比如，一位妈妈正和孩子玩得高兴，忽然瞥见墙上有只壁虎，顿时尖叫起来，吓得宝宝也扑到妈妈怀里。当孩子看到父母或照顾他的大人对某些情境表现出恐惧或做出逃避的动作时，也会产生“共鸣”，看在眼里，记在心上。所以，有时候是大人的言行“吓”着了孩子，使他们学会了“怕”。

孩子的“怕”，有时缘于他们相信大人

有的家长为了“镇”住孩子，让不听话的孩子就范，常使用“吓唬”这一招儿，有时也真“灵”。这是因为孩子年幼无知，还分不清真假、虚实，他们相信大人的话。大人信口编出的什么“老妖怪”“大马猴”之类的，孩子往往真信、真怕。他们相信“这些怪物无处不在，专门盯着小孩，专门惩治小孩”。

大人处之泰然，孩子才可安心

斗转星移、昼夜交替、雷鸣闪电，是再自然不过的现象了。但是，天黑以后，昏暗的光线，使孩子认不出白天熟悉的物体轮廓，各种奇形怪状的阴影呈现在眼前，若遇雷鸣闪电则更添了几分恐怖。这时，如果大人处之泰然，讲些“风伯伯”“雨姑娘”的故事，孩子会得到暗示，知道不用怕，逐渐也就习惯了，胆儿大了。假如大人面带恐怖的表情，再用阴森森的语调来吓唬孩子，孩子会赶紧闭上眼，蜷缩在被窝里，心灵被恐惧所笼罩。“恐惧”就像个幽灵，会长时间躲在孩子的潜意识里，使他们特别胆小，有时还出现口吃、夜惊等现象，甚至发展成无惊自扰的“恐惧症”。

孩子的神经系统原本就比较脆弱，吓唬这一招儿，绝不可取。不仅如此，家长还应该有意识地培养孩子的胆量。当然，也要让孩子知道什么是危险，比如，不要玩火、不要动煤气开关、不乱摸电器，等等，使孩子胆大心细。

要对宝宝进行“给的教育”

眼下，好几位大人精心呵护一枝“独苗”的现象很普遍：吃、独占，由着他；发脾气、使性儿，由着他……这种教育方式可是害了孩子。因为从小孩子就形成了这样一种思维定式：我特殊，你们就应该照顾我，我不必去关心别人。

“给的教育”，帮助孩子去“自我中心”

一转眼的工夫，孩子就将背上书包上小学了。升入小学是孩子走出家庭、步入社会的重要一步。社会，要对每个公民（包括小公民）进行“公民意识”的检验。所谓公民意识，指的是在享受一定权利的同时，必须履行一定的义务，也就是对社会既有索取，也有给予。

从小受到“给的教育”熏陶的孩子，步入小学，合群、有伴儿，乐群、有助，在学校高兴，爱上学，自然有助于学习成绩的提高。而那些从小不知关心别人，不习惯关心别人，以“自我为中心”的孩子，难免处处碰壁，不被集体欢迎，而孤独无助，甚至产生惧怕上学的心理状态，学习成绩可想而知。

如何进行“给的教育”

那么，如何从婴幼儿时期起就培养孩子“义务与权利并存的公民意识”呢？可能“熏染”“移情”“合力”这三个词，能对家长有所帮助。

熏染。家，孩子生于斯，长于斯。家庭氛围是一种无言的教育，要为孩子创造一种和谐的家庭气氛，要让孩子懂得自己只是家庭中平等的一员，家里的人要互相关心、互相帮助，要使孩子学会分享。在日常生活中，要使孩子有机会表现他们的爱心，为别人服务。比如，对为他服务的人表示感谢，学着干些家务，搀扶老人等，体会助人的乐趣。邻居家的小朋友来玩，可以引导孩子们玩“过家家”“开商店”等需要合作才玩得起来的游戏。在玩当中有争吵，大人不必去干涉，让孩子们学会调节自己的行为，体会到友好、合作，才能玩得痛快。

移情。所谓移情，就是设身处地为别人着想。在日常生活中要引导孩子注意自己的行为给别人带来的影响。比如，宝宝打了小朋友，要让他知道小朋友在伤心；宝宝主动把玩具给小朋友玩，要让他知道小朋友多么高兴。又如孩子正随着大孩子折磨一只猫，扯它的毛，除了及时制止，还要用移情教育来打动孩子的心："你们扯它的毛，它该多疼呀，多可怜呀。"虽然，宝宝还不懂"己所不欲，勿施于人"，但在移情教育作用下，孩子会对周围的人更具同情心，更加友好，这就为孩子升入小学，合群、乐群，打下基础。

合力。在教育孩子上可别"四个大人仨主意"，如果有分歧，背着孩子先统一认识、统一口径。否则，孩子不知道该听谁的，更容易钻大人有矛盾的空子，寻找庇护所。

用正强化法塑造好习惯

有谚语说："播种行为，收获习惯；播种习惯，收获性格；播种性格，收获命运。"

心理学界名人华生（行为主义学派的创始人）有过一段名言，大意是说：请给我一打强健而没有缺陷的婴孩，将他们放在我自己之特殊的世界中教养，那么，我可以担保，在这十几个婴孩之中，我随便挑出一个人，都能够任意训练他成为一个医生，或一个律师，或一个艺术家，或一个商界首领，也可以训练他成为一个乞丐或窃贼。

谚语也好，名言也罢，尽管有失偏颇，但它们无非是强调早期教育和环境，对儿童的行为习惯、性格以至命运将产生不可估量的影响。那么，就让我们探讨一下如何"播种行为"吧。宝宝的行为不是天生铸就的，很大程度上是后天习得的，也就是说"行为具有可塑性"。而塑造行为的工具之一，就是"强化"。

说到"强化"，对这个词，家长也许会感到有些陌生，但是，在宝宝出生的那一天起，大家就在有意与无意之中运用着这一工具，塑造着宝宝的行为。就拿孩子爱哭来说吧，常常是因为每当他想达到某种目的时，只要一哭，大人马上注意他，满足他；大人的行为"强化"了"哭"，"哭"便成为他习惯性的表达方式。好行为的造就需要运用"强化"，坏毛病的养成也是"强化"的结果。学会正确运用"强化"手段，确实是科学育儿的艺术。

什么是正强化法

正强化法，即在一种行为之后，继之以强化（奖赏），以达到增加这种行为的目的。

强化手段可以是消费性强化物，糖果、饼干等；活动性强化物，去动物园、看木偶剧等；操作性强化物，玩具等；拥有性强化物，衣服等；社会性强化物，赞美、拥抱、微笑等。

正确运用正强化法

在运用正强化法时，应避免在以下几方面出现失误。

强化的目标要明确。比如，孩子有挑食的毛病，爱吃肉，不爱吃青菜。要强化的行为是“吃青菜”，而不是笼统的“好好吃饭”。在和孩子“订合同”“拉钩”时，要让他明白“希望他做什么”“做到以后得到什么奖励”。一开始，不要把目标定得太高（非吃光一小盘青菜），否则总得不到奖励，孩子就会对此失去兴趣；也不能把目标定得太低（吃口菜就行），奖励得来全不费功夫，也使孩子失去兴趣。

强化源的口径要统一。在家里，除了宝宝以外，家里的每位成员，都是实施强化程序的人。比如，孩子上桌了，专挑肉吃，妈妈提醒他多吃青菜，可是奶奶却把整盘肉都端到宝宝面前；妈妈在和孩子“拉钩”时说好，这个礼拜每顿都吃菜，饭后才可以有甜食吃。可宝宝明白，从奶奶那儿随时可要到甜食……这样妈妈想纠正孩子偏食的计划必然会落空。

强化物的运用要恰当。当一种期望的行为刚刚出现、没有巩固之前，每当此行为出现时，要及时给予强化（以物质性强化物为主）。期望的行为出现次数多了，逐渐巩固了，就要巧妙地修改“合同”，以社会性强化物（赞美之词、微笑、拥抱等）来维持这个行为，最终要使孩子完全脱离外部强化，达到自我强化的境地。

所谓自我强化，就是孩子在初辨是非之后，对自己的好行为，能自我欣赏，自己夸自己。比如，孩子一边津津有味地大口吃着青菜，一边自言自语：“宝宝真乖。常吃青菜身体棒。”自我强化是达到“习惯成自然”境界的内在动力。

好奇，是儿童智慧的火花

从小热爱科学，对科学有着浓厚的兴趣，有强烈探索自然之谜的好奇心，几乎是古今中外著名科学家的共同特点之一。

好奇是儿童的天性。但儿童的好奇心、探索欲，需要保护、引导。

好奇心的生理基础

婴儿呱呱坠地，就具有“学习”的本能。大的声响可以使宝宝止住啼哭，聆听片刻；明亮的物体在眼前晃动，能吸引他的视线。也就是说，当某种刺激出现时，会引起宝宝倾听、凝视等生理反应，这在心理学上叫“探究反射”。“探究反射”，是好奇心的原始心态。

初生伊始，就应该为襁褓中的婴儿提供各种适宜的感官刺激。除了视、听之外，还要注意解放孩子的手，手是孩子探索世界的重要工具。婴儿从两三个月开始，就有了抚摸的动作，抚摸被褥、亲人的脸、玩具……如果双手被襁褓束缚住，或玩具高高挂起，可望不可即，宝宝探索世界的欲望就会受到压抑。

惊奇感是好奇心的萌芽

婴儿出生后半年左右，那些不平常的、新奇的、意外的刺激都能引起他们的惊奇感，进而给予特别的注意。宝宝尤其对活动着的东西感兴趣，如盯着地上爬的蚂蚁，目送从他身旁走过的人。只要抱他出屋，就会停止啼哭，睁着惊奇的眼睛观察世界，等等。

惊奇感导致探索的欲望。探索需要勇气，对婴儿来说，只要妈妈在场就会勇气倍增。一个毛茸茸的玩具小狗，第一次出现在孩子面前，他可能会吓得哭起来，可是看到妈妈微笑着，抚摸着小狗，自己也忍不住用手指碰它一下，最后抱着它，研究起来。所以说，妈妈是婴儿进行探索的启蒙老师和保护人。

保护孩子的好奇心

探索必然好动。宝宝会津津有味地摆弄一切到手的东西，甚至拆开看一看，弄清所以然。对付一岁左右的“摆弄迷”，最好事先把珍爱的、怕摔怕碰的东西收藏好。把剪刀、针、铁丝等锐利用具放在孩子拿不着的地方。已经落到他手里，再硬夺下来就是下策了。试想一下，他兴致勃勃地去拿闹钟……别动！伸手去够桌上的花瓶……别拿！转身发现地上有个插线板……别碰！一连串的惊奇，被一连串的呵斥压了下去。旺盛的探索欲望被扑灭了不说，旺盛的精力也无处可使，自然容易哭闹了。而上策则是选择一些物件供孩子摆弄，这些物体结实、没有尖锐的棱角、无毒、比孩子的嘴大。如果孩子因好动惹了祸，弄坏了东西，切不可粗暴对待。

探索就会多问。当孩子有了语言表达能力时，那些曾使他惊奇的事物，就成为他问题的内容，进入“爱问为什么”的阶段。面对孩子的种种“怪问题”，家长千万要有耐心，因为认真回答孩子的种种问题，就是对孩子求知欲的一种鼓励和赞许。孩子的求知欲就会在“好奇—满足—好奇”的循环中拾级而上。

如何化解“三岁危机”

宝宝出生了。面对着稚嫩的宝宝，做父母的受累、着急（比如宝宝生病时），但是绝对没气儿生。因为宝宝是那么娇小可爱，一天一个样：会笑了，出牙了，会站了，叫出“妈妈”了……满满的都是幸福和甜蜜，父母也对自己的角色充满信心和自豪。

转眼间，宝宝过了两岁生日，渐渐地，父母觉得孩子不听话了，特别是小嘴会说“我”以后，麻烦就接踵而来：勺到嘴边，不张嘴，硬要抢勺，“我自己吃”；穿衣服不再伸胳膊，“我自己穿”；上街不让抱，嚷着“下地，我走”。不依他，就哭闹没完。更让人着急生气的是，小家伙到处凑热闹，抢活儿干，却“成事不足，败事有余”。这是怎么了？为什么乖孩子“不乖”了？

“第一反抗期”来了

两岁左右是儿童心理发展的一个转折时期，即人生“第一反抗期”，这是孩子在有了“我”这个意识之后，心理上的一次飞跃，突出的表现就是“闹独立”，有自我表现的欲望，不愿任大人摆布，不再满足于“饭来张口、衣来伸手”。当然，闹独立不等于能独立；爱干事儿不等于会干事儿。于是，饭撒了，鞋穿反了，大人扫地，他抢着干，却把垃圾弄得到处都是，越帮越忙。

顺势诱导化解危机

面对什么都想干，又干不好的小家伙，别禁止他动手，要保护他的主动性和表现欲。如果家长只图速度和质量，来包办一切，或是一切都按照宝宝之前那样才放心，就会阻碍孩子的心理健康发展。试想，不干事还谈得上什么自信心和成功的喜悦？不动手，怎么会勤快？不给他任务，哪里来的责任感和助人后的快乐？

正确的做法是，孩子要求“自己来”，就顺势教会他自我服务的技能，培养“自

己的事自己做”的责任心。从身边的事教起，穿脱衣服、吃饭、洗手、收拾玩具。不要急于求成，可以把每项技能分解成若干小步，帮宝宝逐渐达到熟练。

孩子爱干活儿，就派一些他力所能及的事给他干。比如，剥豌豆，孩子的手指细弱，剥不开豆荚，就派他“帮妈妈把豆从豆荚里拿出来”，大人捏开豆荚，让他取豆。而且干上一会儿就“胜利结束”，表扬他爱劳动。虽说孩子剥豆是在“玩”，但这种“玩”有目的，锻炼了孩子的责任心；有成果，增强了孩子的自信心，剥出的豆大家吃，培养了孩子“利他”的意识。

为了更好地培养孩子爱劳动的品质，可以专门为他们准备些轻便、顺手的工具，如小水桶、小拖把、小喷壶、小围裙等，教会孩子怎么使用工具。

顺势诱导，这样做不仅化解了“三岁危机”，还给大人添了个小帮手。

导演与角色

“角色”一词，本指演员扮演的剧中人物。当“角色”这个词被引入社会科学领域后，就有了另一番含义。在社会生活中，每个人都担任着一定的社会“角色”，即具有一定的身份和职能，有权利也有义务。对于宝宝来说，他在家里是父母的“孩子”；在幼儿园里，是小朋友的“小伙伴”；在公共场所，是“小孩子”。

作为家长，都希望自己的孩子长大后能有所作为，那就要注意培养孩子的角色意识，应该让孩子明白，在不同的环境中，与不同的人交往，怎样做才是对的，怎样做是错的。

正像在文艺舞台上，“角色”扮演得是否出色，和组织、指导演出工作的导演有很大关系。在家庭舞台上，家长充当导演，也同样起着至关重要的作用。比如，要让孩子清楚，他在家里的角色是“孩子”，不是“小皇帝”。如果总是让孩子在家里充当“小皇帝”的角色，随心所欲。那么将来，到了社会上，也容易让人生厌而不被周围的人所悦纳。

好的导演常以身示范。家庭中，成人之间健康的人际关系，对孩子有很强的感染力。健康的人际关系应该是相互关心、相互尊重、相互坦诚以及相互有所期待。

出色的导演，还善于鼓励和帮助“角色”到生活中去找各种感觉。因此，不要紧闭家庭的大门，要增加孩子与小朋友，特别是同龄小朋友相处的机会，扩大孩子的交际圈。虽然小朋友之间难免争吵，但这是一条学习“如何做人”的途径。有机会时，不妨带上孩子参加一些适宜的交际活动，让孩子学习调整自己的行为，增强对社会环境的适应能力。

第二部分
膳食营养

我们给宝宝选择的食物以及饮食方式，不仅关系宝宝的健康，还可能影响宝宝一生的饮食习惯。所以，关于宝宝的饮食，需要我们懂一些营养方面的知识，知道如何聪明地选择食材、不同季节有什么营养妙招、如何健康食疗、如何应对挑食等问题，让宝宝顺利接受各种营养，并获得健康的饮食态度。

第一章 婴儿营养

母乳才能给宝宝近乎完美的营养

在医院，婴儿出生后，待产妇稍事休息，就让婴儿吸吮妈妈的乳头。回到产房，婴儿床挨着大床，饿了就喂。“早开奶”和“按需喂哺”，是提高母乳喂养成功率的重要措施。这样做会使妈妈产后下奶快，婴儿也得到宝贵的初乳。

母乳是婴儿的最佳营养品

母乳中所含的蛋白质和脂肪适合小婴儿的消化能力，所含乳糖多，在肠道内乳糖酸可抑制病菌的繁殖。乳糖还是小婴儿获取能量的主要来源，含有足够的无机盐、维生素和水分。用母乳喂养的婴儿，得病少，更聪明，更愉快，更乐于与人交往，身心都健康。

产后 12 天内，母亲分泌的乳汁叫作初乳。初乳高蛋白、低脂肪，这种配方

正适合新生儿的需要和消化能力。更为可贵的是，初乳中含有丰富的“牛磺酸”，对大脑的发育有益。初乳还含有较多的免疫物质，可以增强婴儿抗感染的能力。

尽享天伦之乐。在妈妈的怀抱中，肌肤相贴的温暖，甘甜的乳汁，耳边的喃喃细语，不仅使婴儿解除了生理上的饥渴，也解除了“皮肤饥渴”，满足了“被爱抚”的心理需要。端详着怀中的宝宝，亲吻着稚嫩的小脸，随着宝宝一口一口地吸吮乳汁，妈妈的心里也会充满爱和感动。

妈妈一人吃饭为两人，配膳有讲究

哺乳期，无论热能还是蛋白质、无机盐和维生素的需要量，都比孕期有所增加，妈妈的饮食合理，才能保证乳汁充裕和自身的健康。未孕、孕末期与哺乳期对某些营养的每日需要量的标准，如下表所示。

	热能（千卡）	蛋白质（克）	钙（毫克）	维生素 C（毫克）	维生素 B（毫克）	脂肪所供热能占总热能的百分比（%）
未孕	2300	70	800	60	1.4	20~25
孕末期	+200	+25	1500	80	1.8	20~25
哺乳期	+800	+25	1500	100	2.1	20~25

多喝“营养汤”。鸡汤、蹄爪汤、桂圆红枣汤等，既补充了水分，又有滋补和下奶的作用。

提供优质蛋白质。乳汁的质量与妈妈膳食中的优质蛋白质数量相关。动物性食品和大豆的蛋白质都属于优质蛋白质。但是，并非“蛋白质越多越好”。蛋白质摄入过多，难以消化，还增加了肾脏的负担。

注意补钙。哺乳期妈妈若钙摄入不足，不仅影响婴儿的骨骼和牙齿钙化，还会动用自身的“钙库”，导致妈妈骨质疏松。牛奶、酸奶等是极好的钙源。

补充维生素 B。维生素 B_1 有促进乳腺分泌乳汁的作用。粗粮和豆类含维生素 B 丰富，还要注意尽量减少烹调中的损失（如煮豆粥不要放碱）。

不宜摄入过多的脂肪。从哺乳期妈妈所需的营养供给量表可以看出，无论是在孕期还是哺乳期都不用增加脂肪的摄入比例。膳食过于油腻，易使婴儿消化不良，不但没有促进乳汁分泌的作用，反而会让妈妈长胖。

母乳喂养，贵在坚持

在哺乳的过程中，常常会出现一些问题，以致妈妈想到给婴儿断奶。

怕哺乳会使身材走样

妈妈产后发胖的现象挺普遍。一是因为在孕期总有“为胎儿吃”的念头，想吃就吃，不会注意这肉是长在胎儿身上，还是长在自己身上，结果宝宝出生了，自己却没瘦下来；二是坐月子期间多食，少动，一个月下来，又积攒下不少脂肪，以至于猛然发觉“身材走了样”，想到如果再接着喂奶，“一人吃两人饭”，这体型可就变得一发不可收拾了。于是，有些妈妈就可能有断奶的念头。

那么，如何做到既能哺乳，又能瘦身呢？首先，要正确理解“一人吃两人饭”的说法（具体请参考第 91 页的相关内容）。合理的饮食结构，不仅能使婴儿长得壮实，哺乳还会消耗体内积攒下来的脂肪。

在选择食物种类和烹调方法时，要少脂肪、少糖。比如，主食可以吃白米饭、杂粮饭，不吃炒饭、炸油条、油酥点心之类；烹调方法多用蒸、煮、凉拌，少用油炸、煎炒；多吃新鲜水果，少喝含糖果汁。也别对奶油蛋糕、巧克力等下手。只要在饮食上稍加注意，该吃的吃，不该吃的不吃，再安排些运动，就不会在哺乳期使身材走了样儿。

另外，选择合适的棉质胸罩，以支撑乳房，避免乳房下垂。两侧乳房交替哺乳，可以避免乳房一大一小。

给婴儿喂母乳，离不开家人的支持，一定要坚持。任何配方奶粉都比不上母乳优越，哺乳亦可让妈妈更加健美。母乳喂养，对母子双方都是最好的选择。

母乳够不够吃，心中没底儿

有的妈妈说：“喂奶粉，能知道量。可是喂母乳，这心中就没底儿了。”

母乳是否充裕，完全可以判断得出来。母乳量足，宝宝会有一口接一口的

咽奶声，大约十来分钟，自己松开乳头，或甜甜入睡，或醒着玩耍。另外，奶量足，水分也就足，每天需要换 6 次以上尿布，大便黄色、成形。当然，最使人放心的是，每次给宝宝称重量，都有足够增长。

如果宝宝虽用力吸吮，却没有连续的咽奶声，不久困乏入睡，很快就又醒了，尿少，大便稀绿，不长磅，那顶多是吃了个半饱，说明母乳不足。碰到这种情况，要设法增加母乳量。

挤出的母乳和配方奶一比，“稀”多了

母乳和牛奶从外观上比，母乳稀薄、灰绿色，而牛奶稠厚、乳白色，这常使一些妈妈担心，母乳不如牛奶的营养好，并把这种较稀薄、发绿的母乳叫作“灰奶”，进而想到给宝宝换喂配方奶。

母乳不如牛奶稠厚，是因为在母乳中，分子小的“乳白蛋白”居多，故呈“半透明状”；在牛奶中，分子大的“酪蛋白”居多，故呈乳白色。乳白蛋白居多，正是母乳优于牛奶之处，乳白蛋白更容易被小婴儿消化吸收。

谨防母乳被污染

母乳是婴儿最理想的食品，清洁、干净是母乳的天然优势。但是，一旦母乳被细菌、毒物、药物等污染，不仅失去了营养价值，还可能使婴儿“病从口入”。

母乳污染的常见途径有以下几种。

妈妈的乳房清洁不够

如果妈妈在哺乳前后，尤其是哺乳后，不清洗乳头，残留在乳头上的乳汁和污垢很适于细菌藏身和繁殖。当婴儿吃奶时，细菌就会随着乳汁从口而入，引起口腔炎或胃肠疾病。所以，妈妈要勤洗澡，勤换内衣，每次哺乳前后用温开水洗净乳头、乳晕。喂奶前，把最初的几滴奶挤掉，以冲去可能藏在乳腺管外口的细菌，然后再喂奶。

妈妈自身感染了疾病

比如，妈妈患了严重的乳腺炎，乳汁中会混入大量病菌，若继续喂奶，婴儿就会受到感染。此时就要把乳汁用吸奶器吸出，不能再喂给婴儿。

哺乳期，妈妈随意用药

哺乳妈妈用药，药的成分会在乳汁中出现，使吃奶的婴儿出现种种药物反应。如果妈妈自己生病，不要随便用药，应去医院诊治，并告知自己在哺乳，医生会慎选药物。要严格按照医嘱服药。

哺乳期间，妈妈应忌酒。

为了宝宝的健康着想，无论什么场合，哺乳妈妈都要注意忌酒。

乳品细细挑

配方奶粉，母乳的最佳“替补”

世界卫生组织主张母乳喂养到宝宝2岁。那么，未满2岁又断了母乳的宝宝，最好用配方奶粉“替补”。

与鲜牛奶或全脂奶粉相比较，配方奶粉应以“第一替补”的身份出现。因为它经过“调整”和“添加”，更适合2岁以下宝宝的消化能力和营养需要。

巴氏消毒奶，最经济实惠的液态奶

巴氏消毒奶保质期短，但较好地保存了牛奶的营养素和天然风味。

超高温消毒奶保质期长，但牛奶中的营养素和天然风味不及巴氏消毒奶。

高钙奶在牛奶中又添加了钙。牛奶本身富含钙，另加钙，吸收率不会增加，难免使一部分钙“穿肠而过”，事与愿违。

已满周岁，初尝酸奶，增强肠道免疫力

酸奶是以牛奶为原料，经乳酸菌发酵而成的一类含“有益菌群”的乳制品。宝宝每天喝些酸奶，可以增加有益菌的数量，增强肠道的免疫功能。

喝酸奶也并非越多越好，1~3岁，每天200~300毫升就足够了。

由于酸奶中的有益菌在4℃左右最易存活，环境温度高则活菌数量骤降。所以要选具有冷藏设备的商店购买，且买回后要注意冷藏，不要久放。

奶酪，习惯了这一口，收获牛奶中的精华

奶酪由牛奶浓缩、发酵而成，聚集了牛奶中的精华：优质蛋白质、钙、维生素A、维生素D，还有脂肪。经发酵工艺使其更容易被人体消化吸收。

2岁以上的宝宝每天吃30克奶酪，相当于摄入300毫升牛奶的营养。喝腻了牛奶，换换口味也挺好。

在挑选乳品的时候，还有一点需要注意：带“酸奶”二字的乳饮料，与酸奶不在一个档次上。一般而言，这些乳饮料的包装上，可能“酸奶”二字醒目，“饮料”二字很小。

在购买之前，一定要细看标识，盯住蛋白质含量这一项。100克酸奶，蛋白质含量≥2.9克。而乳饮料，因添加了水，所含蛋白质只及酸奶的1/3左右。

适时添加辅食

在婴儿喂养中，添加辅食是件大事。

给婴儿添加辅食，不宜过早

有的妈妈觉得辅食能扛饿，希望宝宝吃了辅食能睡长觉，好少喂几次奶，或是希望宝宝多吃一点，所以在过百日之后就给宝宝加米糊之类的辅食。但是，4 个月前的小婴儿，唾液少且缺少淀粉酶，不能很好地消化淀粉类食物。而且，吃一口糊糊，就少吃一些奶，从摄入营养的角度看，优质蛋白质和钙就减少了。宝宝虽然吃得挺饱，但是虚胖，不结实，智力发育也会受到影响。

添加辅食过晚，也不行

宝宝满 4 个月以后，每天的活动量比以前大了，需要的热能也就多了。经过 4 个多月的消耗，胎里带来的那些“储存铁”也用光了，乳类含铁甚微，需要从其他食物中摄取铁，才能不得缺铁性贫血。

一般来说，加辅食要根据宝宝的月龄。人工喂养和混合喂养的宝宝，满 4 个月就该加辅食了。母乳喂养的宝宝，可以在满 4 个月至 6 个月之间加。但是，毕竟每个宝宝的情况都不太一样，因此还有一些条件，可以一并考虑进去。

体重。体重反映全身发育状况，包括消化系统的成熟情况。体重已达 6~7 千克（约为出生体重的两倍），可以加辅食了。

饥饱。每天喂 8~10 次母乳，或吃配方奶总量已达 1000 毫升，宝宝在两次喂奶之间仍饥饿哭闹。当然，气质类型不同，宝宝对饥饿的反应也不同，有的不能“忍”，有的能“忍”，对能“忍”的宝宝要多加关注。

动作。已经会坐，或稍加扶持就能坐稳，也是到了“食物转型期”的信号。

疾病。在生病期间，不宜开始添加辅食。

季节。如果正值酷暑，不宜添加新的食物。

辅食要适口

给婴儿加辅食是个细致活儿。虽说只是大人一两口的量，但制作起来马虎不得。肉去骨、鱼去刺、枣去核、肝去筋、果去皮，样样都得碾碎、磨细，制成泥状。随着婴儿渐渐长大，乳牙萌出，烹调方法也要随着变，从泥膏状到碎菜、细丝、小丁。软硬、稀稠、粗细、咸淡，全得适合该月龄婴儿的口味，才对婴儿的健康有益。

如果图省事，把大人饭菜中软点的、碎点的，拿来就喂，宝宝整吃整拉还是小事，一旦引起上吐下泻，调理起来就难了。

宝宝从只能消化乳类，到能消化菜、鱼、肉、蛋、面条、稀饭，得有个过程，这个过程长达数月。

另外，初加辅食，不用加盐，也尽量不放糖，保持食物的原汁原味。有时，宝宝把食物吐出来或者扭头不肯吃，并非觉得没味，而是一种“厌新”的心理。切莫以为加些调味品，宝宝就爱吃了。新的食材，多出现几次，宝宝不会总拒

绝它。7~9 个月，味觉发育得更好了，在食材中可以加极少的盐，少到大人尝不出咸味。

家里有些大人喜欢抱着宝宝上桌吃饭，让宝宝尝尝菜，尝尝汤，这样容易导致宝宝再吃自己的食物时觉得淡而无味，难以下咽。

而如果盐摄入增多，常会使婴儿因口渴而哭闹。若大人误把渴当饥，又喂给乳类或其他食品，不仅会导致消化不良，还会因蛋白质摄入过多，加重肾脏的负担。

所以，给婴儿初加辅食要原汁原味，还要注意喂水，特别是夏天。

从加辅食的种类来说，等到一种适应了再加另一种，如果吃了新加的辅食，大便溏稀，就停下来，等大便正常，再试着喂。一种新食物吃一段时间以后再加另一种，也便于把引起过敏的食物甄别出来。

小贴士

哪些食物适宜做婴儿辅食

蔬菜类。土豆、红薯、白菜、菠菜、西红柿、冬瓜、黄瓜、茄子。

粮食。细面粉、大米。

动物食品。鸡蛋、血豆腐、肝、鱼肉、里脊肉、虾肉。

豆类。豆腐。

再列举几种泥状食品的制作方法。

水果泥。用匙将香蕉、苹果刮成泥状。

蛋黄泥。鸡蛋煮老，取黄，用少量米汤或牛奶调成糊状。

菜泥。选新鲜绿叶蔬菜或胡萝卜，洗净，剁成泥。稍加油，将菜泥炒熟。

肝泥。(1) 生刮：将猪肝洗净，切开。在切面，用刀轻刮，刮出肝泥。起油锅，将肝泥清炒。(2) 熟刮：将猪肝洗净、煮熟、去筋。将熟猪肝剁成泥。

初喂辅食，只为达到三个“认同”

头几次给宝宝喂辅食，不为解饥，只为让宝宝尝尝味，所以量不用多。用小勺盛一点点食物，从宝宝的嘴角喂进去，宝宝咂咂嘴咽了，没烦没闹，就是说“味道还不错”，见好就收。

初加辅食，不必计较吃了多少，只为达到三个“认同”。

其一，对奶以外的食物的“认同”。对从来没吃过的东西，宝宝往往会扭头、闭嘴、用舌头把食物顶出来，甚至因为不会咽，引起恶心，这些都挺正常，并不表明宝宝不能接受奶以外的食物。

怎么办？既不勉强，也不放弃，改天再让宝宝尝尝。别因为宝宝“拒食”就露出焦虑的表情、不安的声调，让宝宝觉得害怕。更别因为一两次喂得不顺利，就放弃了。

幸好，宝宝没多大记性，昨天噎了一回，今天早忘了。用小勺把泥状食物调稀点再试着喂，咽下去了，再喂一小口，如果宝宝把头扭过去了，就不喂了。

初加辅食，并不指望靠它补充多少营养，但是，哪怕宝宝每次只吃了一两口，也是对奶以外食品的认同。

其二，对喂哺人改变的“认同”。除了妈妈，爸爸、爷爷、奶奶、保姆等人都可以喂宝宝吃辅食，这对日后顺利断母乳有很大好处，不会发生“恋母危机”。

其三，对小勺、小碗的“认同”。宝宝自打出生以来，只见过奶瓶，或吸吮母乳。小勺对宝宝来说，是个奇怪的、长长的硬家伙。对小勺的认同，使宝宝的口腔动作更为复杂，为日后吃固体食物打下基础。会坐着吃，会吃小勺喂的食物，是饮食行为上的进步。

宝宝是过敏体质，在喂养上需要注意什么

在喂养上若能做到以下几点，有助于使宝宝“脱敏”。

母乳喂养

母乳含有丰富的免疫球蛋白 A，这种免疫球蛋白可以阻止致敏原被肠道吸收。母乳不足也不要轻易放弃母乳喂养，可以采用混合喂养的方法，并注意选择对牛奶蛋白质成分有特殊控制的免敏奶粉。

小心加辅食

宝宝满 4 个月以后，开始添加辅食，则应注意以下几点：

(1) 迟加蛋白。先加蛋黄，待宝宝 1 岁以后再吃整蛋。鸡肉泥、猪肉泥、豆腐泥等都可以提供优质蛋白质。

(2) 迟加面食。因为大米致敏的情况十分罕见，而小麦致敏却较为常见，给宝宝加辅食，先加米粉，1 岁以后再加面食。

(3) 一种一种地添加。比如，加肝泥，就不要同时加鱼泥。一种新食物吃一周左右，宝宝没出现过敏症状，这种食物就算通过了。

看清小食品的标签

比如，有的宝宝对花生过敏，吃了几口带花生碎的糕点，出现严重的过敏性休克；有的宝宝对大豆过敏，吃了含有豆油的膨化食品，出现过敏。一定要看清食品成分中有没有宝宝需要“忌口”的成分。

记“食物日记”

详细记下宝宝每天吃了什么，有没有不正常的反应。随着宝宝长大，“食物日记”中可食的品种越来越多，说明宝宝的体质改善了。

第二章 食材选择

粗粮有“三宝”

宝宝过了三岁，消化能力强些了，就可以在主食中搭配些粗粮，因为粗粮有“三宝”。但怎么吃，吃哪种，要算计，因为有讲究。

粗粮有三宝

粗粮含的膳食纤维多。膳食纤维是人体内的“清洁工”，这是第一宝。

粗粮比细粮的“渣子”多，口感粗，多的就是膳食纤维。它不是废物，在肠道内能吸水膨胀，捎带着把体内的毒素也送出体外。“垃圾”日产日清，宝宝的食欲自然就好。

粗粮含的维生素 B_1 多。维生素 B_1 是健脑维生素，这是第二宝。

大脑工作需要消耗能量，能量来源是碳水化合物。碳水化合物的消化不可

缺少维生素 B_1。维生素 B_1 充足，能源的利用率就高，宝宝的精神就足，注意力好，学什么都快。

粗粮耐嚼。咀嚼不仅有利于牙齿的健康，还有利于颌骨的发育，这是第三宝。

多咀嚼可以“洗刷”已萌出的乳牙，刺激埋伏在下面的恒牙，刺激颌骨的发育。

粗粮应该怎么吃

精挑细选。粗粮种类很多，要挑选适合宝宝的种类，比如，全麦面粉、玉米面、小米、紫红糯米、燕麦片等。而高粱米、莜麦面则难消化。

粗细搭配。粗粮虽好，但不可过食。过多地摄入膳食纤维，蛋白质、钙、锌的吸收就会受到影响。一般可以按照 1：5 的比例搭配粗粮、细粮，给宝宝安排主食。

粗粮细做。宝宝的消化能力差，粗粮细做不仅好消化，还更好吃。比如，啃老玉米，宝宝就可能“整吃整拉”，如果用鲜玉米做菜就又香又好消化。

初尝粗粮，宜选小米

初尝粗粮，让小米打头阵，好处挺多。

小米在众多粗粮中，属于“细”的

所谓“粗”“细”，是指含膳食纤维的多少。吃惯了细米白面的宝宝，初尝粗粮，首选小米，更适合宝宝的消化能力。比如煮碗二米粥（大米、小米）代替白米粥，让宝宝对粗粮有个适应过程。

另外，从中医食疗的角度讲，小米性温，有养胃之功效。米油（小米粥上面的粥皮）有止泻作用。

小米身怀三件宝，健脑益智不可少

这三件宝就是维生素 B_1、维生素 B_2 和铁。维生素 B_1 是糖代谢不可缺少的维生素，正常的糖代谢为大脑送去能量。在能量代谢中，同样不可缺少维生素 B_2。而铁是打造红细胞的原料。缺铁，红细胞携带氧气的能力差。大脑发育不可缺少氧气。

小米所含的色氨酸，为谷类之首

色氨酸是脑发育所需要的一种必需氨基酸。比一比，每 100 克谷类中色氨酸的毫克数：

小米，178 毫克；大米，129 毫克；玉米面，73 毫克。

色氨酸还具有安神之效。如果宝宝易烦躁，入睡困难，经常“闹觉”，不妨在晚饭时喝一小碗稠稠的小米粥，既暖胃又安神，睡个香香觉。

好吃又健脑的粗粮——鲜玉米

鲜玉米营养比玉米面丰富，因为上面有玉米的“胚芽”。鲜玉米的“胚芽”是个“健脑营养素”的“聚宝盆”。

第一宝：丰富的维生素 B_1

维生素 B_1 被喻为“健脑营养素”，因为大脑所需要的能源是糖类，而糖代谢的完成，需要有维生素 B_1 的协助。此外，维生素 B_1 还对神经组织和精神状态有良好的影响，改善记忆力。多余的维生素 B_1 不会储藏于体内，而会完全排出体外，所以应该持续补充。在整穗的玉米中，胚芽部分含维生素 B_1 最多。而玉米晒干磨细后制成的玉米面，胚芽难以保留。

第二宝：丰富的亚油酸、亚麻酸

玉米胚芽中富含“好脂肪”，也就是人体必需脂肪酸。人们常说的“DHA”（脑黄金），就是由必需脂肪酸（亚油酸、亚麻酸）演变而成的。玉米胚芽中的脂肪超过一半为亚油酸，宝宝吃鲜玉米，可以收获不少“脑黄金”。

第三宝：丰富的维生素 B_2

大脑是用氧的“大户”，运送氧要靠血液里的红细胞，红细胞由铁来打造，铁的吸收利用，不可缺少维生素 B_2。

小贴士

推荐三种鲜玉米食品做法

● **玉米鸡蛋饼。**鲜玉米糊中加入面粉糊，打入一个鸡蛋，加少许活性酵母搅匀，等发起后调味。调味后，将其做成饼，用平底锅加油煎成两面焦黄即可。

● **玉米丸子。**将鱼、虾制成肉末，加在鲜玉米糊中，制成丸子，蒸食。

● **玉米窝头。**江米蒸熟、放凉，加入鲜玉米糊、白糖，搅匀，做成小窝头蒸熟即可。

让南瓜上餐桌

南瓜，低热量、低脂肪、富含胡萝卜素，值得让其上餐桌。

富含胡罗卜素

比一比，每 100 克食物中胡萝卜素含量：

南瓜，890 微克；黄瓜，90 微克；丝瓜，90 微克；冬瓜，80 微克。

南瓜与这些食材相比，所含的胡萝卜素胜出 10 倍。胡萝卜素又称维生素 A 原，它在人体内可以转变成维生素 A。

低热量，低脂肪的“减肥食品”

“小胖墩儿”要控制体重的增长，就得少吃些主食，这就难免会觉得不饱。如果每顿少吃几口米饭、面食，来一大块香甜可口的蒸南瓜，既有饱腹感，又没让多少热量“入账”：100 克南瓜所提供的热量是 22 千卡；100 克大米所提供的热量是 334 千卡，相差悬殊。

对体重正常的幼儿，油煎南瓜饼，或先用油把南瓜丁炒一下再做粥，味道和营养则更胜一筹。因为在人体内，胡萝卜素转变成维生素 A 得有脂肪为载体。

小贴士

维生素A的重要作用

维生素A与夜盲症——缺乏维生素A，眼睛感受暗光的能力下降。

维生素A与呼吸道——维生素A增强呼吸道黏膜的抵抗力，减少呼吸道感染。

维生素A与皮肤——缺乏维生素A，皮肤粗糙，并且易生疮长疖。

维生素A与造血——维生素A可促进铁的吸收利用，对防治缺铁性贫血起辅助作用。

红薯飘香

秋末冬初，红薯飘香。红薯不仅味美，还被视为保健品。

弱宝宝，吃点红薯，有利于变强壮

有的宝宝，大人虽然在其冷热上倍加小心，却还是常感冒，甚至一感冒就引起气管炎来。有的宝宝虽然在吃食上倍加小心，却还是常腹泻，一腹泻就“虚”上十天半个月。医学研究证实：“亚临床维生素 A 缺乏”的宝宝，虽然显不出夜盲的症状，但是抵抗力差。

红薯富含胡萝卜素，在体内胡萝卜素可转变成维生素 A。适量的维生素 A 可以加固气管黏膜、肠道黏膜的防御工事，使弱宝宝变成强壮宝宝。

胖宝宝吃红薯，可适当减少谷类的摄入

吃 7 两红薯约等于 2 两大米、白面所提供的热量。所以，给胖宝宝做主食，以红薯替代部分米面，既香甜好吃又利于减重。

当然，做法要用煮、蒸或烤，不要炸着吃。2 两炸红薯片，相当于 4 两大米饭的热量，称炸红薯片为“热量炸弹”，不为过。

便秘的宝宝吃红薯，食谱宜全面考虑

红薯富含膳食纤维，有通便的作用。对便秘的宝宝来说，红薯既是美食，又具食疗作用。但是，膳食纤维并非越多越好。膳食纤维过了量，钙、铁、锌的吸收利用就会打折扣。

如果主食里已经有红薯，就不必再有其他粗粮；蔬菜中可选一些膳食纤维较少的，如瓜茄类（茄子、丝瓜、黄瓜、苦瓜等）。不宜同时吃魔芋、海带等也富含膳食纤维的食物。

设计好菜谱，搭配得当，方能受益。

健康的宝宝，吃点红薯

红薯含有一种特殊的保健成分——黏蛋白，这是多糖与蛋白质的混合物，可阻止胆固醇在动脉管壁上沉积。

所以，保护动脉，从幼儿开始，让小餐桌上常有红薯飘香。

小贴士

吃红薯五不宜

烂红薯不可食。吃了已长黑斑的红薯，会中毒，毒性是由黑斑菌所致。这种菌耐高温，蒸、煮、烤均不能破坏其毒性。

不宜单食。只吃一块红薯，就不再吃其他主食了，不妥。最好搭配着吃些谷类。

不宜凉食。要趁着热乎吃。不烫、不凉最适宜。

不宜走食。在街边买块烤红薯，就着风，就着尘，边走边吃，既不卫生，又伤胃。

不宜贪食。一次只给一小块，让宝宝还盼着下次。若一次吃多了，胃里不舒服，吃伤一次，也就不想下次了。

土豆喊冤

土豆不明白，原本被人们称作“宝疙瘩”，怎么被卷入洋快餐之后，就成“垃圾食品”了？

土豆本是“宝疙瘩”

土豆富含淀粉，可以当主食吃。更妙的是，五谷杂粮一般都不含维生素 C，而土豆却含维生素 C，所以土豆又可称为“含维生素 C 的面包”。土豆含钾量是香蕉的两倍。钾有助于钙的吸收利用，有助于心血管的健康。土豆的蛋白质含量接近豆类，优于五谷杂粮。所以，称土豆为“宝疙瘩”，不为过。

炸土豆条，坏了土豆的名声

如今，小小年纪就因胖添疾、受胖所累的孩子越来越多，“热量”成了父母极为关注、极为敏感的词。确实，一包炸土豆条，转瞬吃光，齿间留香，可收获的却是“热量炸弹”：每 100 克炸土豆条的热量是 612 千卡，约为 3 岁女孩一日所需热量的二分之一，也相当于 70 克植物油产生的热量。

土豆可以上“小胖墩儿”的餐桌

为重塑健美体型，“小胖墩儿”需要控制总热量的摄入。一般都是多吃瓜菜，少吃主食。可是吃蔬菜和吃主食的感觉相差甚远，吃到肚子胀了，还觉得没吃什么。而且蔬菜在胃中停留的时间短，不耐饿。以土豆代替部分粮食，口欲、胃欲均能得到些许的安慰。在摄入同样热量的情况下，吃 5 口土豆，约等于吃 1 口面食，满足了“口欲”；进入胃，土豆所占的地方大，有饱足感，满足了“胃欲”。

不过，吃土豆也有三个前提：土豆应计入主食量；不能炸食；不能代替绿叶蔬菜。

别冷落了大白菜

擅长画白菜的齐白石曾在画上题字："牡丹为花之王，荔枝为果之先，独不论白菜为蔬之王，何也？"在当时冬春季缺少新鲜蔬菜的情况下，大白菜在人们心中的分量，称得上是"菜中之王"。如今，一年四季鲜菜不断，洋蔬菜也纷纷亮相，人们渐渐冷落了大白菜。但实际上，大白菜除了价廉，便于贮存，在营养上也具有特色，不该受到冷落。

占了一个"全"字

人体所需的营养素：碳水化合物、脂肪、蛋白质、无机盐、维生素，在大白菜里一应俱全。

突出一个"钾"字

体内酸碱平衡是健康的保证，钾钠平衡则是酸碱平衡的核心。调查表明，中国人普遍"口重"，存在钠高、钾低的弊病。大白菜富含钾，尤其是白菜心含钾更多。钾比钠高出 10 倍，这在别的蔬菜中是少有的。

亮出一个"锌"字

提到锌，自然要数动物性食品中含量丰富。但是，大白菜含锌量并不比一些动物性食品差。

比出一个"优"字

和水果中的"老三样"（香蕉、苹果、大鸭梨）相比，大白菜所含的维生素 C 可评为优。不过，大白菜贮存久了，维生素 C 会有所缺失，每年趁着大白菜刚上市的时候，可别忘记多吃几顿。

来自显赫的家族——“十字花科”蔬菜

“十字花科”蔬菜含有“干扰素诱生剂”,可促使人体产生“干扰素”。“干扰素”是病毒的克星。它干扰病毒，不让病毒舒舒服服地活着，让病毒不能繁衍，成不了气候。

“十字花科”蔬菜的主要成员有：大白菜、小白菜、塌棵菜、油菜、卷心菜、萝卜（白萝卜、青萝卜、卞萝卜、心里美萝卜）、芥兰、花椰菜（菜花）、西蓝花（即绿菜花）、荠菜等。胡萝卜属于“伞形花科”，不是“十字花科”的成员。

小贴士

小食谱推荐——栗子白菜

做法如下：

⑴ 将白菜顺切成长方形块，备好。

⑵ 将生栗子割一个小口，在开水中煮后剥去皮，再在油中断生后备用。

⑶ 锅内放油加热，油内放入葱、姜、白菜，半熟时放入栗子、酱油、白糖，稍加汤或水，烧烂，用水淀粉勾薄芡即可。

让大豆食品天天入席

说起大豆，人们可以尽数它的营养价值：含优质蛋白质、不饱和脂肪酸，含丰富的钙、铁、维生素 B_1 等，只凭这些就足以说明大豆是健脑食品中的佼佼者。然而，大豆还有更奇特的健脑益智作用，那就是大豆所含的磷脂所具有的奇特功效。

大脑中的记忆素——神奇的大豆磷脂

神经生理学家发现，在复杂的神经网络中，脑细胞与相邻的脑细胞并非直接地接触，而是留有空隙。信息在脑细胞之间传递靠一种“接力棒”。这种“接力棒”是一种化学递质，叫作“乙酰胆碱”，它又被称为“记忆素”。大豆富含磷脂，大豆磷脂在人体内水解后，生成胆碱，胆碱进一步合成乙酰胆碱这种“记忆素”。这就是大豆的奇特作用。

可能大家会说，鸡蛋、肝也富含磷脂。不错，它们含磷脂，但也含胆固醇。而大豆所含的植物固醇与胆固醇的作用相反，有益于动脉的健康。也就是说，大豆“有动物性食品之优，无动物性食品之弊”。

怎么吃大豆更好

在我国北方，有“二月初二闻豆香”的民俗，也就是吃炒豆。但是，宝宝的咀嚼和消化能力较弱，吃整粒的豆子，其消化吸收率仅为 60% 左右。而豆浆和豆奶的消化吸收率可以达到 80% 左右，特别是豆奶，在加工过程中，可以使产品脱去豆腥味，口感细腻。豆腐的消化吸收率可以达 90% 左右，而且可与荤菜、素菜搭配，花样翻新。因此，豆腐应该成为小朋友餐桌上的“常客”。

小餐桌上见“彩虹”

营养免疫学家研究发现，不同颜色的蔬果，若能每天搭配着食用，比偏好某一两样颜色的蔬菜，更能维护人体的免疫力，因此提出“彩虹饮食”。

各色食物，本领各有千秋

不同颜色的食物，含有各自突出的营养密码。红色，例如番茄，富含的番茄红素，为抗氧化物的重要成员。橙色、黄色，例如柑橘、胡萝卜，富含胡萝卜素，也是抗氧化物中的主角。绿色，例如绿菜花、荠菜，富含叶绿素和膳食纤维，是提升免疫力和清除体内“垃圾”的能手。紫色、黑色，例如紫甘蓝、紫薯、黑米，富含花青素，是抗氧化物中的“奇兵”。

“彩虹饮食”，强强联合

如果把致病的病毒比作“矛”，人体的抵抗力就好比是“盾”。“彩虹饮食”使各类“抗氧化物”的成员携手作战、强强联合，人体抵抗力就强了。在各种色彩中，应以绿为主，红、橙、黄、紫等为辅。也就是一片绿中，点缀红，再添一些紫、黄、橙。

介绍一款五彩拼盘：小番茄、紫甘蓝、绿菜花、胡萝卜，用少许盐和芝麻酱拌食（少用沙拉酱。芝麻酱的油好，且富含钙和铁）。

培养“食趣”，享受“视觉盛宴”

有一类“博物馆”，可以经常带宝宝去一去，那就是菜市场。那里有码放整齐的五颜六色的蔬果，可以跟宝宝说：“各种颜色的蔬果，咱们都买点，你来选吧。”这样宝宝有参与感，回家后还会盼着它们上餐桌，食欲就强。

晚饭后，可以让宝宝掰着手指头，数数今天吃了多少种蔬菜、水果，吃了哪些颜色的。这可不仅仅是“食育”，也是“智育”和“美育”。

紫色可餐

家庭餐桌上，如果添些紫色，会给宝宝的健康增色。

紫色食材，富含“花青素”

花青素是一种天然色素，它能让植物具有“姹紫嫣红”的色彩，还是一种抗氧化物，可清除人体内的自由基，具有保健作用。无论是紫米、紫玉米、紫薯，还是紫甘蓝、紫芦笋、紫菜苔、紫椒、紫茄子、紫菜头，紫色食材都富含花青素。

紫色兄弟，各怀绝技

除了富含花青素，不同的紫色食材还各有各的亮点。

紫甘蓝——出身名门。紫甘蓝属于“十字花科”蔬菜，这类蔬菜含有“干扰素诱生剂”，可刺激人体的免疫系统，维护人体的免疫力。做蔬菜沙拉时，不妨放些紫甘蓝。

紫椒——富含维生素 C。紫椒所含的维生素 C 远远超过香蕉、苹果、鸭梨。在每 100 克食材中，这几种蔬果含维生素 C 的毫克数分别是：紫椒，72 毫克；香蕉，8 毫克；苹果，4 毫克；鸭梨，6 毫克。

紫茄子——比绿茄子含钙多。紫茄子和绿茄子的口味没多大差别，但紫茄子的含钙量是绿茄子的 4.5 倍：每 100 克中，紫茄子含钙为 55 毫克，绿茄子含钙为 12 毫克。去市场买菜，不妨遵守这个原则：叶菜选深绿的，茄子选紫色的。

紫苋菜——富含胡萝卜素。人们把胡萝卜叫作“蔬菜医生”，是强调它含有丰富的胡萝卜素。但总吃胡萝卜，难免会吃腻。不妨将紫苋菜作为换口味的选择，它也富含胡萝卜素。不过苋菜草酸较多，最好先焯水去草酸再烹制。

紫薯——富含黏蛋白。紫薯不仅富含胡萝卜素、硒和膳食纤维，还富含可以维护动脉健康的黏蛋白。把紫薯切成小块与大米蒸煮，或与面一起做成紫薯馒头、紫薯发糕，还能起到蛋白互补作用。

值得重视的营养素——胡萝卜素

如果菜蓝子里经常有绿色、红色或黄色的蔬菜，如胡萝卜、油菜、红薯、鲜玉米等，果盘里常有黄颜色的水果，如柑、橘、杏、哈密瓜等，孩子就能从中得到一种重要的营养素——胡萝卜素。在体内，胡萝卜素摇身一变就成了“维生素A”。尽管动物性食品中含有维生素A，但是受进食量的限制，为满足人体所需要的维生素A，还得利用植物性食品中的胡萝卜素，既价廉，吃多了又不腻。

维生素A与宝宝的健康息息相关。

保护眼睛

在人的视网膜上，有两种感觉细胞。一种专门感受强光的刺激，并能辨别颜色；另一种专门感受弱光的刺激，使人在若明若暗的光线中能辨别物体，与“暗适应能力”相关。

举个例子来说，电影已经开演了，我们才进入影院，眼前一片漆黑，但过了一会儿，过道就依稀可辨了，这就是眼睛的“暗适应能力”。

接受弱光刺激的感光细胞，要以维生素A为营养，“吃饱了，才能干活”。缺乏维生素A，眼睛暗适应能力就会下降，到了傍晚或光线暗的地方，宝宝就不敢迈步了，非扶着东西才敢走，这是“夜盲症”。

严重缺乏维生素A，还会引起角膜软化，甚至失明。

三岁以后，宝宝看电视、玩电脑的时间逐渐长了，对维生素A的消耗量大，要从食物中补充，其中包括补充胡萝卜素。

保护皮肤

维生素A有“美容维生素”之称，因为维生素A有维护皮肤健康的功能，使皮肤光滑、滋润。

缺乏维生素 A，可使宝宝细嫩的肌肤变得粗糙、干燥，皮肤抵抗力下降，容易生疮长疖。

另外，维生素 A 可以促进铁的吸收、利用，使宝宝不易患缺铁性贫血。不贫血，自然面色红润，像苹果似的小脸，人见人爱。

保护呼吸道、消化道

小孩的病，冬春季以呼吸系统的疾病为多，如上呼吸道感染、气管炎、肺炎；夏秋季则以消化系统的疾病为多，如肠炎、消化不良。

孩子三天两头闹病，家长着急，有的听信“补药”“营养药”“平安药”的作用，想以此来改变孩子孱弱的体质；有的以为“捂得严”就不会着凉。其实，增强体质不能靠药、靠“捂”，要靠合理营养和锻炼。

合理营养中，不可忽视维生素 A 的作用。维生素 A 可以增强呼吸道、消化道黏膜的抵抗力，使宝宝少生病。

直接从动物性食品或鱼肝油中获取维生素 A，一定要注意适量，过量的维生素 A 可致中毒。而胡萝卜素的优点是不会在体内蓄积中毒。

形似如意的“如意菜”

如意，是古代一种象征吉祥的玩物，头似灵芝，柄微曲。形似如意的菜，那当数黄豆芽了。黄豆芽，不仅形似如意，作为一种一年四季都可得到的食材，从营养上看，也相当“如意”。尤其对幼儿，无论从营养还是从吸收利用的角度均可谓“如意菜”。

出自黄豆，却多出了黄豆没有的维生素 C

黄豆不含维生素 C。黄豆芽含维生素 C，其含量可以和黄瓜、莴笋等相媲美，比起苹果、鸭梨也毫不逊色。比一比每 100 克食物中维生素 C 的含量：黄豆芽，8 毫克；黄瓜，9 毫克；莴笋，4 毫克；苹果，4 毫克；鸭梨，4 毫克。天气干燥的季节，幼儿容易流鼻血。补充维生素 C，可以增加毛细血管的韧性。血管不那么脆弱，流鼻血也就少了。

出自黄豆，却比黄豆好消化，吸收利用率高

黄豆出芽后，在各种生物酶的作用下，蛋白质被分解为氨基酸，淀粉被分解出单糖，其在人体内的吸收利用率比黄豆高出数倍。所以，对于消化能力尚弱的幼儿，吃黄豆芽比吃黄豆要划算得多。

小贴士

孟母的拿手菜——黄豆芽鲫鱼汤

相传，孟母不仅教子有方，而且很讲究滋补。孟母常烹制一道“黄豆芽鲫鱼汤”为孟子健身补脑。做法：热油，葱姜炝锅，放入黄豆芽，加水煮沸（水漫过豆芽即可，不能太多）。放入收拾好的鲫鱼（去鳞、去鳃、去内脏），加料酒、醋、盐，改小火烧至鱼酥、汤浓。

教宝宝自己发黄豆芽，吃着更香。把黄豆洗净，温水泡一天，滤去水，用湿布盖好，温度最好是20℃～25℃，每天滤一遍水，使其保持湿润。渐渐地，黄豆长胖了，咧开嘴了，钻出芽了。有四五天，芽长到三四厘米就可下锅做菜啦。

蘑菇家族中的细高挑儿

提到蘑菇，人们可能马上想到伞形的香菇、肥头大耳的猴头菇、上下一般粗的鸡腿菇…… 细高挑儿，那准是金针菇了。

金针菇，比起家族中的其他成员，确实显得单薄，但是它却有个响亮的别名——“智力菇”。

含丰富的维生素 B_1

维生素 B_1 又称硫胺素，被誉为“滋养神经细胞的维生素”。这源于碳水化合物分解为葡萄糖的过程中，不可缺少维生素 B_1 的参与。金针菇所含的维生素 B_1，是一般蔬菜的五六倍。

比一比每 100 克食材中所含维生素 B_1 的量：金针菇，0.15 毫克；长茄子，0.03 毫克；芹菜，0.02 毫克；小白菜，0.02 毫克；白萝卜，0.02 毫克。

含优质蛋白质

除了肉、蛋、奶、豆，就数蘑菇含的蛋白质最“优质”了。打造神经网络，需要优质蛋白质。

含“好脂肪”

金针菇所含的脂肪，量虽少，但质优，为“好脂肪”（不饱和脂肪酸），也是打造神经网络的“硬件”。

小贴士

小食谱推荐——凉拌鸡丝金针菇

做法：先将洗净的一把金针菇，入沸水中汆熟，捞出晾凉切段备用。在汆金针菇的原汤中，加葱段、蒜瓣、料酒、精盐，煮几分钟后，捞出葱蒜，将生鸡丝放入汤内汆熟备用。将晾凉后的金针菇、鸡丝，盛入碟中拌匀、调味即成。

菠菜，身怀“四件宝”

菠菜因含的草酸多，会影响钙的吸收。但如果先把菠菜用沸水焯上 1~2 分钟，让大部分草酸溶在水里。处理过的菠菜就是身怀“四宝”的美食啦。

第一宝：含丰富的叶酸

骨髓是造血的工厂，刚刚制造出来的红细胞，个儿大，但不成熟，还没有携带氧气的能耐。红细胞的成熟不可缺少叶酸，缺了它，宝宝就可能得“营养性巨幼红细胞性贫血”。巨，就是形容红细胞的个儿大；幼，就是形容这种红细胞还很幼稚，只能算是“血宝宝”吧。在历代中医典籍中，都记载着菠菜有“生血、养血”的功能。以往人们认为菠菜“生血、养血”，是因为菠菜可以补铁，其实菠菜含铁并不丰富，是叶酸在起着生血和养血的作用。

第二宝：含丰富的维生素 K

合成凝血物质，不能没有维生素 K。人体无论哪里出血，都得靠凝血物质去止血。小儿常因空气干燥、挖鼻孔、喝水少等原因出现鼻出血，除了补充维生素 C，还要多吃些维生素 K 丰富的食物，菠菜就是其中之一。

第三宝：含丰富的叶黄素

叶黄素是视觉营养素中的一种，对维护正常的视觉功能有重要作用，尤其是发育中的眼睛更需要叶黄素。有的学者把“叶黄素”比作“隐形太阳镜”，突出叶黄素对视网膜的保护作用。菠菜“养眼”，是因为它含有丰富的叶黄素。

第四宝：含丰富的“软渣”

菠菜所含的膳食纤维滑嫩，可以润肠通便，又不会对肠道的刺激太强，造成腹泻，特别适于幼儿食用。

宝宝吃鱼有讲究

淡水鱼也“补脑”

人们都知道海洋鱼类含有较多的“脑黄金”。所谓“脑黄金”，指的是一类“多不饱和脂肪酸”，又称 DHA（二十二碳六烯酸）。DHA 有增强记忆力、思维力的功效，故有“脑黄金”之称。其实，淡水鱼也含“脑黄金”，如果能带着鱼头烹调就更好了（鱼头含“脑黄金”更多）。

为了使“脑黄金”尽量少被破坏，宜采用清炖、清蒸、氽鱼丸等烹调方法。如果炸着吃，在高温下“脑黄金”就被炸没了。

鱼和豆腐，一对好搭档

鱼和豆腐搭配具有以下营养特色：

富含磷脂和“脑黄金”。这些营养成分都是构筑神经髓鞘的原料。神经髓鞘，好比是包裹在电线铜丝外面的绝缘外皮，髓鞘发育得好，神经传导才能准确、迅速，从宝宝的行为上说，才能注意力强、反应灵敏。

优势互补。鱼肉中富含蛋氨酸（一种人体必需氨基酸），豆腐中蛋氨酸的含量少（每 100 克食物中，蛋氨酸的毫克数为：草鱼，428 毫克；黄花鱼，404 毫克；鲢鱼，465 毫克；内酯豆腐，48 毫克）。鱼和豆腐搭配着吃，优势互补，使二者的营养价值提升。

强强联合。豆腐富含钙，鱼肉富含维生素 D。钙有维生素 D 相随相伴，能被人体更好地吸收利用。

小贴士

小食谱推荐——鱼头炖豆腐

将鲢鱼头洗净、去鳃，沥干水分。油锅中放少许油，将鱼头两面稍煎。放入沸水、姜片、料酒、盐，煮沸后加入豆腐，改文火炖煨，至汤汁乳白即成。豆腐滑嫩，鱼肉细糯，宝宝吃着适口。

小鱼补钙，来盘凉菜

热菜中没有鱼，在凉菜中可以有鱼。做盘小酥鱼，连骨带刺，补钙佳肴。

小酥鱼做法：将小鲫鱼去鳞、鳃、内脏，洗净。白菜叶洗净。锅底铺一层白菜叶，将鲫鱼的鱼肚朝上，码放在菜叶上。鱼上铺一层葱段、姜片，上面可以再码上一层鱼。将作料（醋、酱油、料酒、油、盐、糖和汤）搅匀放入锅内，盖严锅盖，煮沸后改用文火焖，待汤汁收尽、鱼酥烂即可起锅。

鱼干当零食，钠太多

有的家庭，平时很少做鱼，就给宝宝买鱼干当零食吃。常这么吃，宝宝摄入的钠过多，不利于心、肾的健康。

比一比每 100 克食物中钠的毫克数：鱼干，2320 毫克；鲤鱼，53 毫克；鲫鱼，38 毫克；草鱼，46 毫克。

胖宝宝宜以鱼代肉

同样是 100 克的“肉”，脂肪含量却不同。比一比，每 100 克食物中脂肪的克数：鲫鱼，2.7 克；鲤鱼，4.1 克；草鱼，5.2 克；猪肉（后臀尖），30.8 克；猪肉（五花肉），37.0 克。

同是 100 克的“肉”，若是鲫鱼肉，只摄入热能 108 千卡；若是猪肉，则有 331 千卡“入账”，后者约为前者的 3 倍。更何况，鱼油为“好脂肪”。

教会宝宝吐刺

虽说给宝宝吃的鱼，应选择刺少的，但是也要教会宝宝吐出口中的刺。一开始，可以用带几粒瓜子的西瓜，给宝宝做示范，怎么把瓜子吐出来，逐渐使宝宝对瓜子、果核、刺等更为敏感，舌头的动作更为灵敏。3 岁左右，在大人的照顾下可以吃一些带大刺、大骨的鱼或肉，但记着别用鱼汤泡饭。会吐刺，也是一项生存本领。

吃鸡蛋适量有益，过量有弊

在蛋白质评分中，鸡蛋清所含的蛋白质被评为 100 分，蛋黄所含的卵磷脂是人体合成乙酰胆碱的原料，乙酰胆碱是一种重要的神经递质。然而，吃鸡蛋适量才有益，幼儿每天吃 1~2 个为宜。如果过量食用，很可能吃出“鸡蛋病”来，其典型的症状如下。

便秘

鸡蛋为“少渣”食物，鸡蛋被消化以后产生的“废物”很少，不会刺激肠蠕动。因此，过量食用鸡蛋，可导致便秘。

口臭

由于粪便久滞体内，毒素被吸收入血，浊气上蹿，引起“馊性口臭”，甚至打饱嗝都带出臭鸡蛋味来。过量食用鸡蛋还容易上火，易流鼻血，残血在鼻腔内成为细菌的温床，鼻臭加重口臭。

易饱

摄入过多的蛋白质、卵磷脂容易让宝宝觉得饱，从而不再进食主食、青菜等其他食物，时间长了将导致宝宝营养失衡。

贫血

鸡蛋并非含铁丰富的食材，如果宝宝一味只食用鸡蛋，会缺少造血的原料——铁。另外，天天“高蛋白”，会加重肾脏的工作，肾脏不堪重负，由肾脏分泌的“促红细胞生成素”明显减少，也是贫血的诱因。

由于贫血，大脑得不到充足的氧气，加上主食摄入少，大脑得不到充足的能量供应，宝宝整天打不起精神，脾气大，学什么都慢。

兔 肉

在我国民间有“一兔顶三鸡”的说法，称兔肉为“肉中之王”。从营养成分上看，兔肉确实有“王”者风范。

兔肉所含的维生素 A 相当丰富

比一比每 100 克食材含维生素 A 的量：

兔肉，26 微克；草鱼，11 微克；瘦牛肉，6 微克。

兔肉所含的胆固醇在肉类中属较少的

肉类含优质蛋白质，但是含脂肪和胆固醇也高。兔肉低脂肪、低胆固醇，特别适合胖宝宝和“家族性高血脂”的孩子（家庭中男性在 50 岁以前、女性在 60 岁以前，有心绞痛、心肌梗塞或中风发作者，要警惕孩子可能有高血脂的遗传基因）。

比一比每 100 克食材含胆固醇的量：

鸡蛋，585 毫克；牛肉，169 毫克；猪肉，80 毫克；兔肉，59 毫克。

另外，兔肉细嫩，筋少，好消化。在烹调时，与猪肉同烹制，兔肉随猪肉的味；与牛肉同烹制，则随牛肉味；与鸡肉同烹，则随鸡肉味。所以，兔肉还有“百味肉”之称。这也使得初尝兔肉的宝宝会觉得更为适口。

不过，兔肉属寒性，夏秋食用较适宜，冬春食用，姜要多放些。

小贴士

小食谱推荐——豆腐紫菜兔肉汤

原料： 兔肉50克，嫩豆腐250克，紫菜10克，葱花、盐、芡粉、料酒、鸡精少许。

做法： 将兔肉洗净切成薄片，加盐、料酒、芡粉拌匀。把紫菜撕成小片，豆腐切片。锅内加适量水，下豆腐，旺火煮沸后，下兔肉，再煮5分钟，下紫菜、鸡精、盐即成。

第三章 四季饮食

春季，尝鲜

春季尝鲜，莫忘春韭、鲜蚕豆和荠菜，这些“鲜”既是时令菜又是应季的营养菜肴。

“夜雨剪春韭，新炊间黄粱”——杜甫

立春前后的头茬韭，被称为春韭。韭菜，有蓬勃的生命力，剪而复生。

春韭味道鲜美，被喻为迎春第一菜。春韭从营养上，因富含维生素C和胡萝卜素，被喻为“多种维生素丸”。韭菜还富含膳食纤维，可以润肠通便。万一误吞了异物，多吃些大段的韭菜，在它的缠裹下，有可能把异物排出体外。

但是，正因为韭菜含的膳食纤维多，幼儿不宜多食，也不宜和粗粮搭配着吃（比如玉米面菜团子）。用韭菜做馄饨馅、饺子馅，既能尝鲜，量又不多。

“翠英中排浅碧珠，甘欺崖蜜软欺酥”——杨万里

这首“蚕豆诗”，是赞美鲜蚕豆色形似碧珠，甘甜胜过崖蜜，软嫩胜过奶酪。

鲜蚕豆不仅味美，它所含的谷氨酸、赖氨酸和酪氨酸都是具有健脑作用的必需氨基酸。它所含的钙、铁、维生素 B 等营养素，也在一般蔬菜之上。

但是，要警惕“蚕豆病”，这是一种遗传病，患者多为男性。若携带着致病基因，吃了鲜蚕豆，可能引起溶血性贫血。如果家族中曾出现过这种病人，需要给宝宝做相关的医学检查，以便知道是否该忌口。

“城中桃李愁风雨，春在溪头荠菜花”——辛弃疾

荠菜被喻为报春使者，民间有“三月三，荠菜胜仙丹”之说。营养分析证实，荠菜身怀三件宝：维生素 C、胡萝卜素和钙。

春燥，宝宝容易咳嗽、鼻出血，丰富的维生素 C 和胡萝卜素，可以维护气管黏膜和鼻黏膜的健康。春风送暖，户外活动增多，体内的维生素 D 猛增，需要补充足够的钙，荠菜含钙多。

但是，踏青尝野菜要预防“植物日光性皮炎”：如果吃了未经“泡”“焯”的荠菜，又一路暴晒，则可能是病因。

小贴士

小心“植物日光性皮炎”

有一些食物，被称为“光敏性食物”。说白了，就是这些食物怕日光。当然，它们长在地里、挂在树上时没这个毛病，一旦进入人体，这毛病就来了。

最典型的是灰菜，其他还有苋菜、荠菜、马齿苋、刺儿菜等，还有杧果。看得出，以野菜居多。

平日里，尝尝鲜，吃些野菜，再加上日晒，就可能发生“植物日光性皮炎”。

当然，除了吃“光敏性食物”和“暴晒”之外，过敏体质也与发病有关。

一般在进食1~3天内发病。暴露部位如脸、手，先发麻，后浮肿伴灼痛。严重的，眼睛肿得睁不开，嘴唇肿得没法吃东西。

如果是过敏性体质，一要防晒，二要少吃或不吃野菜。特别要紧的是，别又吃又晒。

春季防病良药——番茄

集三种“抗氧化物”于一身

一个孩子是结结实实，还是三天两头感冒发烧，与其自身的抵抗力有关。

那么，有没有可以增强抵抗力的“良药”呢？有，那就是富含“抗氧化物”的食物。所谓“抗氧化物”，包括维生素 C，胡萝卜素和番茄红素。

富含三种抗氧化物的天然食物，恐怕只有番茄了，称番茄为防病的“良药”不为过。

樱桃番茄更胜一筹

樱桃番茄是外形像樱桃的小番茄。它所含的维生素 C 超过普通番茄。每 100 克食物含维生素 C 毫克数：樱桃番茄，24 毫克；普通番茄，19 毫克。

番茄的食法有讲究

番茄含胶质、木棉酚等成分，在胃酸的作用下，易形成不溶解的“结石”，所以在空腹时不宜贪吃番茄。

用番茄做的菜肴，急火快炒，番茄中的维生素 C 保存率在 80% 以上，番茄红素不受损失；胡萝卜素，有油为载体，更容易被吸收利用。

一盘最普通的“西红柿炒鸡蛋”，不仅酸甜适口，而且强身健体。

小贴士

小食谱推荐——奶油番茄

做法：将番茄用开水烫过，去皮，切成6~8瓣。把牛奶、盐和淀粉调成汁。锅里放少许水，开锅后放入番茄，水沸后倒入调好的牛奶芡汁，煮至汁略浓即可装盘。

度夏，别让膳食木桶出现“短板”

天气炎热影响食欲，父母总会想方设法让宝宝“多吃几口”，吃饱。但是，度夏，最重要的是膳食平衡，质与量同样重要。否则，虽然顿顿能吃饱，仍然可能“度夏无病一身虚”。

只图吃着爽，顿顿靠“高汤”——缺乏优质蛋白质成短板

不少父母往往认为“高汤”最补，用“高汤”泡饭，宝宝挺快就吃饱了，但是“汤”味虽鲜，却获取不到多少蛋白质。饭前可以喝几口高汤开胃。但是，健康度夏，还是要靠谷、奶、豆、蔬、肉等提供的平衡膳食营养。

缺少绿叶菜，瓜类菜挑大梁——缺乏膳食纤维成短板

黄瓜、冬瓜、番茄、茄子等是夏天比较常见的菜。这些菜虽好，但是缺少膳食纤维。比一比每 100 克食材含膳食纤维毫克数：冬瓜，700 毫克；黄瓜，500 毫克；番茄，500 毫克；西蓝花，1600 毫克；菠菜，1700 毫克；芹菜叶，2200 毫克；苋菜，1800 毫克。

西瓜吃半饱，正餐没食欲——缺乏微量元素成短板

西瓜清热解暑，宝宝也爱吃。然而，饭前吃西瓜不加限制，敞开了吃，等宝宝上了饭桌就没有食欲了。仅靠吃西瓜充饥，锌等微量元素供不应求。而夏天出汗多，从汗液中流失的锌也多。缺锌，宝宝的抵抗力差，且味蕾失灵，吃什么都没味儿，更降低了食欲。

只求菜清淡，油脂不敢放——缺乏脂溶性维生素成短板

夏天，饮食宜清淡。但是清淡不等于“无油烹饪”。番茄中的番茄红素，红黄色蔬菜中的胡萝卜素，“无脂”难吸收。另外，维生素 A、维生素 D 等全是脂溶性维生素。所以“少油”不等于“无油”，清淡不等于“全素”。

巧吃妙补抗酷暑

夏天，燥热生内火，宝宝会食欲大减。为保宝宝平安度夏，在饮食上有“三不宜”和“三个招儿”。

三不宜

不宜只用汤、水送饭。不然难以获得均衡的营养。并且，当时吃着爽快，但食物未经唾液淀粉酶的初步消化，入胃后易加重胃的负担，久了，会出现食欲减退。不宜贪食冰点。吃冰点，当时，口腔温度降低了，但高糖、高脂入肚，不思正餐。不宜贪饮“饮料”。糖随水入肚，不解渴却解饿，宝宝不再正正经经吃饭。

三个招儿

第一招儿：调整餐桌上食物的属性。“热性”食物暂退出，“凉性”食物多露面。水果、蔬菜中，荔枝、樱桃、韭菜、南瓜等暂时退出，西瓜、梨、藕、荸荠、黄瓜、丝瓜、冬瓜、苦瓜等常露面；动物性食品类，撤下羊肉，常吃鱼、鸡、鸭；菌藻类，凉拌海带丝、凉拌金针菇，爽口开胃；豆类，改红小豆为绿豆。

第二招儿：调整一日三餐的比例。早上比较凉快，胃口也好，让宝宝正正经经吃一顿营养均衡的套餐。有主食，有奶，有水果，还可以有些比较爽口的肉食；中、晚餐吃不下多少，可用加餐来补充营养，一小碗绿豆粥、一个茶叶蛋、几片卤肝，缺什么补什么。

第三招儿：调整烹调的方法。酷暑，食物宜清淡，做肉菜宜少用红烧、煎炸等烹调方法，多用滑炒等使荤菜也爽口的方法。

滑炒：将主料（鸡、鱼、虾等）用蛋清、湿淀粉上浆，加入调料，用温油将主料滑开，色变白、伸展即捞出备用。芙蓉鸡片、芙蓉鱼片即用滑炒制成。

酿菜：将主料加工成茸状，加入调料，填入红、黄、绿色柿子椒中或挖空的番茄中，蒸熟。给肉穿上彩色的“外衣”，既清淡爽口又有趣。

美味夏日食谱

缤纷水果菜

五颜六色的水果或装盘或配菜，还没入口就先让宝宝眼馋，进而有了食欲。

在水果菜中，西瓜、菠萝可以是主角。

西瓜被誉为天然“白虎汤”（“白虎汤”是中医清热的方剂），特别对“暑热症”更具有食疗作用。吃时去子，或认真教宝宝学会吐子，以及吃瓜时不要说笑，免得瓜子误入气管。把瓜皮去掉最外面的一层硬皮后，就可得到“西瓜翠衣”，切丝，加调料凉拌，也是消暑佳品。

菠萝、山楂等水果配上肉做菜，使肉添加了几分清爽。比如，菠萝鸡块，鸡肉带上菠萝的甜香，酸甜口味，开胃。

富水蔬菜端上来

富水蔬菜中所含的水，集活性、纯净和天然于一身，并有人体所需的多种营养素。冬瓜含水分96.1%、丝瓜含水分94.3%、黄瓜含水分94.2%，都属于“富水蔬菜”。

特别是黄瓜，它的汁液是经过多层生物膜反复过滤后形成的。为留住汁液，凉拌黄瓜时少放盐，不要去汁，再放少许蒜末和醋，来个杀菌双保险。在食疗中，黄瓜具有除暑湿、利二便、解毒凉血之功效。

请“莲”入席清凉在

“莲”的全身都是宝。先说荷叶，在李时珍的《本草纲目》中就有荷叶可消暑、化热的说法。荷叶可制荷叶粥、荷叶汤，均具生津止渴之效。

荷叶粥的做法：将米煮至快烂时，把洗净的鲜荷叶盖在粥上，再用文火煮片刻，粥烂去荷叶，将粥调匀，即成绿色荷叶粥。

荷叶冬瓜汤做法：取嫩荷叶与冬瓜片同煮，汤成去荷叶，加少许盐。

鲜藕洗净切薄片，在沸水中氽一下，加米醋、白糖拌食，有清热解毒的食疗作用。

莲子汤、莲子粥也是夏令佳肴。

夏天，让宝宝吃点“苦”

夏天高温，加上连绵的雨，平时活泼好动的宝宝似乎也“蔫”了许多，更没了旺盛的食欲。此时，不妨从餐桌上撤点“甜”，添点“苦”。从“酸、甜、苦、辣、咸”这五味来说，“喜甜”似乎是天性，“喜咸”似乎成自然，至于“苦、酸和辣”则是靠家培养出的口味了。

苦味之王是苦瓜。苦瓜，其貌不扬，小朋友们做手工，常用它做“鳄鱼”。但营养学家视它为“珍品”，医生视它为“良药”。

“苦”唤醒味蕾。湿热的天气，连味蕾也打起盹来。苦瓜含锌量居瓜类之首，锌是组成“味觉素”的成分，可以使味蕾兴奋。

“苦”打开消化腺的“闸门”。唾液腺、胃腺、胰腺以及人体的大消化腺肝脏，在苦味的刺激下，所分泌的消化液增多。

“苦”加速“垃圾”的排出。苦味可促使进入大肠的食物残渣不滞留在体内。“垃圾”及时运出，大脑清清楚楚，思维敏捷；皮肤清清爽爽，不生疮长疖；眼睛清清白白，不充血，无眼屎。

小贴士

小食谱推荐——苦瓜酿肉

让宝宝初次尝“苦”，可以一款“苦瓜酿肉”打头阵。

做法：把苦瓜切成一寸长的环段，去籽，用开水略烫（去些苦味）。苦瓜内酿入虾米、香菇、鸡蛋、猪肉等搅成的肉馅。把酿好的苦瓜段竖在盘上，上锅大火蒸20分钟，蒸出的汤汁可在炒锅内用生粉勾芡，浇在苦瓜上。

这道菜，苦瓜的苦味不会太重，淡淡的苦包着浓浓的鲜，先苦后甘。

秋季，饮食润燥正当时

秋季风大、干燥。鼻燥，宝宝易流鼻血；唇燥，易唇裂；肤燥，易皲裂；肺燥，易咳；肠燥，排便不畅。所以，饮食润燥正当时。

润鼻——膳食中不缺维生素 C

维生素 C 可以增强毛细血管的韧性，预防鼻出血。由于维生素 C 不能在体内储存，所以要天天补，水果天天吃，蔬菜顿顿有。

富含维生素 C 的水果（每 100 克，含维生素 C 毫克数）：

柚子，110 毫克；鲜枣，243 毫克；草莓，47 毫克；红果，53 毫克；猕猴桃，62 毫克。

如果将水果榨汁，维生素 C 会有损失。

富含维生素 C 的蔬菜（每 100 克，含维生素 C 毫克数）：

甜椒，72 毫克；萝卜缨，77 毫克；豌豆苗，67 毫克；绿菜花，51 毫克。

急火快炒，维生素 C 损失少。

润唇——膳食中不缺 B 族维生素

“剥脱型唇炎”与缺乏维生素 B_2 有关，表现为唇色潮红、干燥、裂缝、脱皮。孩子会舔嘴唇，但越舔越干。

除了叮嘱孩子少量多次喝水之外，还要补充含维生素 B_2 丰富的食物，如鱼、虾、蛋、奶、蘑菇和绿叶蔬菜，有润唇的作用。另外，由于唇裂，吃东西时会疼痛，烹调应避免煎、炸，多用羹、烩、煮、蒸。

润肺、润肤——膳食中不缺维生素 A

维生素 A 可滋养气管的“黏液纤毛清除系统”，使进入肺泡的空气经“清除处理后”变得更干净些，起到润肺的作用。

奶、蛋、肝、动物血、瘦肉，可直接提供维生素 A。胡萝卜、南瓜、杧果以及绿色蔬菜可提供维生素 A 原——胡萝卜素。若用维生素 A 制剂药补，一定遵医嘱，因为维生素 A 过量可中毒。

润肠——不缺饮水和膳食纤维

补充水分，可以将“喝水”与“吃水”相结合。“吃水”是指吃饭前先喝口汤；主食有干有稀；蔬菜中搭配一些“富水蔬菜”，如萝卜、冬瓜、莴笋叶、生菜等。

摄入适量的膳食纤维：主食搭配豆或小米；每天有一两种含膳食纤维较多的菜，如芹菜、白菜；改喝果汁为吃水果；改喝菜汁为吃蔬菜。膳食中不缺“筋”和“渣”，润肠通便。

秋补要相宜，“三改”是秘籍

改“贴秋膘”为“防秋燥”

过去，民间流行在立秋之日为小孩子称体重，若体重减了，趁秋风送爽，来“贴膘”，多吃肥肉，以求小儿胖起来。但是，按时令说，秋属燥，若遇“秋老虎”则更为燥热，宝宝容易“上火”。“心火”，表现为口舌生疮，口角糜烂，大便秘结；“肺火”，表现为干咳、咽干、声音嘶哑；“胃火”，表现为口苦、腹胀，不思饮食。所以，在秋季，改“贴秋膘”为“防秋燥”才顺应时令。

改“高蛋白”为“平衡膳”

俗话说“入夏无病三分虚”，所谓“虚”，并非因为缺少热能或蛋白质，主要是缺少一些无机盐和维生素。也许有的父母认为，补就是要补蛋白质，甚至误认为“蛋白质越多越好”。于是，宝宝的小碗里几乎只见鱼、禽、肉、蛋了，至于宝宝吃不吃蔬菜，吃不吃主食都不在意了。这种膳食结构是“低渣膳食”（缺少膳食纤维）、“低维生素膳食”。更加严重一点讲，是“伤脑膳食”（缺少碳水化合物）、“伤肾膳食”（加重肾的负担）和“伤肠膳食”（粪便滞留）。

秋补，要靠“平衡膳”，不宜“偏补”。

改“甜饮料”为“食疗粥”

一个夏天，宝宝很可能喝足了甜饮料。入秋，改“甜饮料”为“食疗粥”，既补充了水分，又能润肺。

煮粥，米是主料。辅料可选择具有生津润肺去燥功效的食材。烹制素粥，可选西芹、百合、莲子、山药、萝卜、藕、丝瓜、菠菜，以及黑芝麻、核桃仁、葡萄干、雪梨等。烹制肉粥，可选鱼肉、鸡肉、兔肉和瘦猪肉，均性温不燥。

黑芝麻粥、莲子百合粥、木耳鸡茸粥……变着花样喝，既喝着舒服，又补得温和。“贴秋膘”的酱肘子，怎能与之相比？

冬天，怎么补才能不“上火”

俗话说：“冬令进补，开春打虎。”对于那些特别怕冷、体质弱的宝宝，大人自然会想到补。然而，现实又告诉家长，饮食不当，会生“内火”，反而招病。

“火”从何处生?

过食、少动，生“胃火”

天冷，宝宝户外活动少，热量消耗少。看到宝宝似乎在减少的饭量，大人往往忍不住想方设法让宝宝多吃。积食生“胃火”，停食加上着凉，感冒就容易找上门了。

睡前饱食，生“肝火”

如今不少大人都下班比较晚，而一般家庭都习惯了晚饭要等人齐了才开饭。于是，饱餐一顿后不久，宝宝就该睡觉了。夜间代谢处于低谷，“宿食”生“肝火”，使宝宝睡不踏实，白天不思饮食，脾气大。

不渴不喝，生“体火”

水分摄入不足，呼吸道黏膜脱水，易咳嗽生痰；消化道黏膜脱水，便干；体液不足，使宝宝鼻干、舌燥、尿赤，易流鼻血。

所以，为防“胃火”，饥饱要适度；为防“肝火”，晚餐宜清淡，并且早让宝宝吃饭；为防“体火”，提醒宝宝喝水。

那么，冬天怎么补，才有益于改善虚寒体质?

冬主辣

适于宝宝且属“辣”的食材有韭菜和萝卜。韭菜，一次不可多吃，韭菜馅的小饺子、小馄饨可暖身。萝卜，无论生吃、熟食都有益于暖身、健体。

去肝火

常吃一些“根茎类”食物，如芋头、红薯、莲藕，可去肝火，防便秘。让体内“垃圾”日产日清，体内清爽，食欲好。

富含铁

虚寒体质的孩子常伴有贫血。牛奶饮用一日不宜超过 500 毫升。不然，钙过量摄入，不利于铁的吸收利用。常吃富铁食物如芝麻酱、黑木耳、豆制品、动物血，隔三岔五吃点肝，烹调使用富铁酱油。

花椰菜

菜花、西蓝花富含“抗氧化物”，可以加固人体的免疫防线。特别是西蓝花，要让它常在餐桌上露面。

冬补秘籍——储存铁

铁，被誉为“御寒营养素”，源于铁是制造血红蛋白的原料。红细胞中血红蛋白的浓度决定它携带氧气的能力。而三大产热营养素的代谢不能缺少氧。缺氧，热量产生少，畏寒。

人体内的铁，除了每日的消耗，还应该有一部分的储存，以应急需。比如，置身寒冷的环境，或有病毒、细菌入侵，机体会动用“储存铁”来增强供氧能力、增强免疫力。体内缺少“储存铁”的孩子，对冷热变化的适应能力差、抵御外邪的能力也差。

按常理来讲，如今的宝宝营养条件已经很不错了，怎么还会缺铁呢？

“仓库”空地少，铁无处立足

胖宝宝冬天特别怕冷，为什么？原因之一是肝脏里堆积了过多的脂肪，使肝脏这原本储存铁的仓库，没多少空地了，铁无处立足。摄入的铁，基本存不下，所以御寒能力差。

食谱太单调，摄入铁不足

比如，宝宝爱喝奶，爱吃鸡蛋，按说这营养够好了吧？靠奶或奶制品提供铁，离需要量则差远了。牛奶含钙丰富，但含铁却很少。爱吃鸡蛋，就敞开吃，三个五个地吃，导致再也吃不下其他食物了。但鸡蛋含铁并不丰富。

缺果、少菜，铁难吸收

铁的吸收利用，要靠维生素 C 的协助。如果宝宝每顿饭几乎是“光吃肉就饱了”，尽管肝、瘦肉、虾等含丰富的铁，却因为吃的蔬菜、水果太少，铁不能被充分地吸收利用。

平衡膳食，谷、菜、果、肉、奶、蛋，合理搭配，才是最好的营养。

第四章 健康食疗

明明白白补钙

钙为人体之本。人体内的钙有 99% 沉积在骨骼和牙齿中，钙使齿固、骨坚。另外，1% 的钙在体液中，参与大脑的思维、心脏的跳动、免疫物的形成、激素的分泌、肌肉的收缩和血液的凝固等生命活动。成人骨骼里的钙每 10~12 年才更新一次。幼儿骨骼里的钙，每年要更新一次，因此幼儿不能缺钙。

但是，也不可瞎补钙，应以食补为主。

够与不够查查表，再算一笔流水账

宝宝每天需要多少钙呢？中国营养学会提出，1~4 岁宝宝每日钙的适宜摄入量是 600 毫克，4~7 岁宝宝每日钙的适宜摄入量是 800 毫克。可以这么说，在宝宝一天的膳食中，有奶、有豆制品，六成钙已够。举个例子，一个三岁左右的宝宝，每天喝 300 毫升牛奶（或 250 毫升酸奶），就可获得 312 毫克的钙；再吃 50 克北豆腐，又可获得 70 毫克的钙，加起来就已达到一日适宜摄入量的六成。

小餐桌上食谱宽，东方不亮西方亮

牛奶是补钙的最佳食品，但是有的宝宝确实喝腻了，一见白色的、闻着带奶味的，就扭头、就捂嘴，那也不必和宝宝较劲。两三岁的宝宝正在“闹独立”，越让他吃什么，他越不吃。碰到这种情况，便可缓一缓，停几顿。宝宝的记性差点，又没准主意，隔上几天没和牛奶见面，没准又爱喝了。

再说了，小餐桌上食谱宽，东方不亮西方亮。把含钙丰富的食品，变着花样安排在一周的食谱里，下周再来个大循环，宝宝不仅天天能吃到“新”菜，妈妈也省心。

哪些食物可以轮番上阵，用来补钙呢？要说钙，各类食物中都有，只不过有多有少，有的因为含草酸多，钙不受用。

以下列出几种宝宝爱吃、好做，又含钙丰富的食物。每 100 克食物中含钙量：

芝麻酱，1170 毫克；黑木耳，247 毫克；虾皮，991 毫克；青豆，200 毫克；干海带，348 毫克；豌豆，195 毫克；黄花菜，301 毫克；芸豆，176 毫克；紫菜，264 毫克；萝卜缨，110 毫克。

另外，带骨的小酥鱼也是补钙的佳品，绿叶菜也是补钙的家常菜。从日常食物中获取钙，最自然也最受用。

补钙需防“穿肠过”，会晒太阳防“抽风”

骨骼好比是储存钙的银行。钙的存入（沉积）和支出（溶解）受多种因素的影响，其中最重要的因素是维生素 D。如果体内缺少维生素 D，即使吃入足够的钙，也难免会“穿肠过”，没被利用就排泄了。

如果天气好，带宝宝到户外，露出小脸、小手，晒晒太阳，阳光里的营养素——紫外线，照射在皮肤上，可使体内产生维生素 D。维生素 D 不仅有利于钙的吸收，还能把钙运送到骨骼中去。有道是“食物补补，得到钙；太阳晒晒，吸收钙”。

但是，晒太阳也要有讲究。特别是对还在吃奶的小婴儿来说，开春晒太阳就更得精心啦。从晒 10 分钟开始，逐渐延长晒太阳的时间，预防“抽风”。

小贴士

别让钙被劫持

小肠是吸收钙的场所，也是钙可能遭遇劫持之处。能“绑架”钙的物质主要是草酸。苋菜、菠菜、竹笋、茭白等含草酸多，烹制时先用开水“焯”一下，去除部分草酸，不让钙被劫持。

小虾皮，储存钙的仓库

虾皮是由体小、壳薄，肉少的毛虾干制而成，为整体虾，并非虾的皮。

虾皮貌不惊人，可是含钙量惊人，每 100 克虾皮含钙 991 毫克。

虾皮可做汤，如虾皮紫菜蛋花汤；可入馅，如用虾皮、胡萝卜、黑木耳包饺子、馄饨、包子；虾皮可与青菜同炒，如虾皮炒韭菜。每次虾皮的量虽不多，但细水长流，钙会积少成多。

挑选虾皮的方法

优质的虾皮，外皮清洁，呈黄色，有光泽。颈部和躯体相连，有虾眼，体形完整。抓一把用手握紧再松开，虾皮能自动散开。

变质的虾皮，外壳污秽，呈苍白色或暗红色，体形不完整，碎末多，有霉味。手抓虾皮握紧后再松开，虾皮相互粘连不易散开。

有些情况，补钙没用

正在生长发育中的宝宝，不可缺少钙营养，需要从饮食中获取足够的钙。

然而有些情况，常会使家长误认为是“缺钙”，于是大量补钙。结果不仅无益，还耽误了对某些疾病的诊断和治疗。下面提到的这些情况，就不属于缺钙所致。

身体“软绵绵”

小婴儿身体“软绵绵”的，实属正常。随着宝宝渐渐长大，动作发育有“从上往下”的规律：抬头、翻身、坐、站、走。有的宝宝七八个月了还不会坐，一岁多不会站，家长会认为有“软骨病”，不断买钙剂给宝宝补钙，但都无济于事。因为这种“软”是由于肌张力低引起的，病根是神经、肌肉出了问题，不是“软骨病”。发现宝宝“软”，一定要先去医院检查。

步态不稳

婴儿学步要经历“一步三晃、跌跌撞撞和深一脚浅一脚”的阶段。但是，到两岁多还摇晃、跌撞，就必须带宝宝去医院检查了，切莫盲目判定是“缺钙”。否则，钙片没少吃，阳光没少晒，宝宝仍然走“醉步”，最后到医院一查，才发现问题严重。所以特别提醒家长：学步时的蹒跚只是短期的。若宝宝总是步态不稳或总踩自己的鞋帮，一定要去医院检查。

佝偻病后遗症

如果两岁以前得过佝偻病，经治疗后留下后遗症（“鸡胸”“O 形腿”“X 形腿”等），再大量补钙，并没有作用，应有针对性地运动：扩胸、挺胸、俯卧位抬头，均对矫正“鸡胸”有益。另外，游泳对任何部位的骨骼畸形都是很好的矫正运动。另外，盘腿而坐，每次 10~15 分钟，每天两次，并按摩小腿的内侧肌群，对“X 形腿”的矫正有益。

宝宝缺“钾”吗

在人体所需的矿物质中，每日膳食需要量在 100 毫克以上的，称为常量元素，如钙、磷、钠、钾等;每日膳食需要量在 100 毫克以下的，称为微量元素，如碘、锌、硒、铁等。但是，受到父母关注的矿物质，主要是钙、锌和铁。因为，即便只是“三缺一”，也“打造”不出健康的宝宝，非常现实。至于“钠”和“钾”，父母对它们的关注就少多了。因为对宝宝来说，似乎“高血压”“心血管病”离他们远着呢。

其实，世界卫生组织早就告诫过“预防心血管病，始于儿时”，因为“口味形成在儿时”。

口味形成在儿时

营养学家建议:从小培养宝宝“口轻”的饮食习惯。一旦小时候习惯了“口重”,依赖于“咸中得味”,以后再吃少盐的食物,会觉着太淡、没味,而难以下咽。

“高钠”对心血管的危害，还在于过多摄入钠会促使钾排出体外。把“钾”比喻为心血管的“保护神”不为过。适量的钾是维持心肌的正常功能，维持正常的血压和维持人体内环境酸碱平衡的必备条件。

所以说“钠、钾适度，健康要素”。然而，造成“高钠低钾”，绝不仅仅是因为“口重”。下面就让我们看看，孩子在“不经意”中怎么会摄入过多的钠而缺钾。

零食不设防，钠摄入过量

如今，大多数家庭，在烹调时都已经注意到“弃咸求淡”，做菜少放盐。但是，如果对孩子的零食不加控制，也能摄入不少的盐。比如，果脯比新鲜水果“咸”多了；嗑瓜子，会嗑进不少盐；鱼干、肉干、肉松等，都是钠太多，钾太少。

光吃肉，会缺钾

有的宝宝光吃肉，很少吃菜。可是人体获取钾主要靠蔬菜、菌类、鲜豆，另外干豆（红小豆、蚕豆、白扁豆等）也富含钾。

蔬菜，钾与钠的比例，大约是 100：1，而肉是 5：1；金针菇，钾与钠的比例是 49：1；红小豆是 430：1；白扁豆是 1070：1。

所以，给宝宝煮稀饭，放些“豆”；给宝宝炒菜别光放“肉”。使宝宝摄入适量的钾，宝宝会更精神、更结实、更聪明。

补铁，一个好汉三个帮

从脑重量来说，幼儿的脑重量只占体重的 5% 左右，但是，幼儿时期脑的耗氧量却占全身耗氧量的 50% 左右（成人为 20% 左右）。脑在幼儿时期是用氧的大户，有充足的供氧，才能保证脑细胞的发育所需。

运送氧气的“船”要用“铁”打造

氧气被吸入肺，进入血液，血液中的红细胞好比是运送氧的“船”。然而，红细胞的寿命大约为 120 天，新老更替。人体只有保证造“船”的原料充足，不断地造“船”，才能保证氧气顺利进入血液，促进脑细胞发育，而铁就是造“船”的主要原料。

国内外的研究表明：贫血可使大脑缺氧，使幼儿在言语、智力、精细动作、视听能力、空间知觉等方面，都落后于正常的同龄儿童。另一方面，脑组织中含有丰富的酶，要靠铁来激活。缺铁，会使酶的活性降低，会导致情绪异常，如胆小、脾气大，总不开心。

不少妈妈知道给孩子补铁，小餐桌上常常让含铁丰富的食物轮番露面儿：肝脏、动物血、鸡胗、瘦肉、大豆（及豆制品）、黑木耳、芝麻酱、坚果等，但往往忽略了铁摄入后的吸收利用还需要其他营养素的配合。

补铁，一个好汉三个帮。

维生素 C，助铁吸收，最给力。

食物中的铁可分为血红素铁与非血红素铁两类。前者在肉类中居多，后者在植物类食物中居多。血红素铁的吸收利用率高，非血红素铁的吸收利用率低。

维生素 C 既可提高血红素铁的利用率，又可提升非血红素铁的利用率。比如，猪肝含铁丰富，但卤猪肝就不如甜椒炒猪肝更有利于铁的吸收。因为甜椒富含维生素 C，荤素搭配，更有助于铁的吸收。

维生素 B_2，助铁利用，不张扬。

说到维生素 B_2（又称核黄素）缺乏，人们会联想到“燕口疮”（核黄素缺乏症）。然而，维生素 B_2 帮助铁吸收、铁储存的重要功能却鲜为人知。如果体内铁的储存量减少，预示着贫血会接踵而至，所以维生素 B_2 是“补血因子”。

富含维生素 B_2 的食材相当广泛。 肉、奶、蛋、菌菇、绿叶菜等都是维生素 B_2 的食物来源。

钙“老大”，要让着铁“小弟”。

钙是宏量元素，在人体中的含量约 1200 克；铁是微量元素，在人体中的含量约 1200 毫克，故称钙为“老大”，称铁为“小弟”。“老大”不能越多越好。因为钙摄入过量，会影响铁的吸收利用。

牛奶含钙丰富，幼儿每天喝牛奶（或酸奶）250 毫升左右就可以了，如果敞开喝，铁“小弟”可就会受委屈了。膳食不缺钙，也别再吃钙片。铁“小弟”需要钙“老大”让着点。

锌——智慧的火花

代谢需要酶，酶离不开锌

食物中的三大营养素蛋白质、脂肪和碳水化合物，要在消化酶的作用下，才能分解成氨基酸、脂肪酸和葡萄糖。前两者是构建神经网络的原料，葡萄糖则为脑细胞提供能量。

据目前所知，锌是四十余种酶的主要成分，锌还与八十多种酶的活性有关。幼儿缺锌，不仅会使神经网络的发育迟缓，大脑还会因能源缺乏而“无精打采”。

哪些食物含锌丰富

一般而言，各类食品的含锌量，从多到少的排序如下：海鲜＞禽、畜＞菌藻＞大豆类＞谷类＞蔬菜＞水果。据《中国居民膳食营养素参考摄入量》提供的资料，在食物中锌含量居前几位的如下表：

（单位：毫克 /100 克）

食物	含锌量	食物	含锌量
生蚝	71.20	鲜赤贝	11.58
海蛎肉	47.05	猪肝	11.25
小麦胚粉	23.40	口蘑	9.04
山核桃	12.59	香菇	8.57

补锌须知

汗宝宝易缺锌。有的宝宝体虚多病而多汗，有的宝宝没病但是爱出汗。随着汗液出来，体内的锌也外流了，所以汗宝宝宜注意补锌。

“靓汤”中，锌并不丰富。有的妈妈最信一句老话“营养全在汤里”，顿顿为宝宝煨汤，鸡汤、鸭汤、鱼汤……其实，汤里的营养比不上肉。光喝汤不吃肉，宝宝不仅会缺锌，还会缺少优质蛋白质。

滥补钙或铁，可导致宝宝缺锌。人体对无机盐的需要是相对平衡的，盲目滥补其中的一种，都可能导致其他无机盐的缺乏，结果是“按倒了葫芦起了瓢”，顾此失彼。

小贴士

夏日巧补锌

炎热的夏天，宝宝出汗多。随着出汗，锌也在丢失。为宝宝配膳，要想着“锌”。

锌与味觉

苦夏，味蕾——味觉感受器似乎也打起盹来。这其中有天气的原因，也有缺锌的原因。因为味蕾能尝五味，靠的是味细胞从味蕾中央的味孔伸出它的纤毛，来感受味的刺激。味蕾的更新，不可缺少“味觉素”，这是一种含锌的蛋白质。如果体内缺锌，味蕾萎缩、味孔封闭，即使是美味佳肴，也可能味同嚼蜡了。

锌与“家常菜”

虽然含锌最为丰富的食材当数海鲜，如牡蛎、扇贝、蛏子等，但其实平平常常的食材中也不乏含锌较多的，比如瘦牛肉、鸡肉、虾、鱼、肝类、黑芝麻、松子、杏仁、南瓜子以及菌藻类等。

夏天，只要宝宝的膳食既清淡，又不缺肉、菌藻、坚果、豆制品等食物，就不必担心会缺锌。

时尚·眼病·饮食

孩子玩手机、玩电脑，渐成时尚；制作食物时，多用榨汁机、食品搅拌机，也已成时尚。然而这些时尚，却让孩子罹患眼病的风险增多。

迷恋电子游戏，维生素 A 的消耗增多，“视紫红质”的消耗增多

“视紫红质”是维持正常暗适应功能的主要物质，而维生素 A 是合成“视紫红质”的原料，消耗得多，需要补充的就多，孩子容易因补不上维生素 A 而患上夜盲症，暗适应能力下降。

对策：控制使用电子产品的时间。膳食中不缺维生素 A 或胡萝卜素，隔一两周吃次肝，每天喝杯奶，菜肴荤素搭配，蔬菜有红有绿，常吃黄色、橙色的水果。

主食越吃越少，越吃越“细”，缺少 B 族维生素

随着近距离用眼时间的延长，眼疲劳让孩子经常揉眼睛，“眼皮”上的病就多起来。然而，鲜为人知的是，“眼皮”上的一些毛病（比如：睑缘炎，俗称“烂眼边”；麦粒肿，俗称“偷针眼”；霰粒肿，藏在眼皮里的小疙瘩），还与机体缺乏 B 族维生素有关。

对策：讲究用眼卫生，不用手揉眼睛。主食每日四五两，粗细粮搭配、谷与杂豆搭配。粗粮和杂豆富含 B 族维生素。

“喝”蔬菜，“喝”水果，耐嚼的食物越来越少

咀嚼肌是面部最大的一组肌肉，它的运动有益于缓解眼疲劳，细嚼慢咽好比是给眼球做“保健操”。如今，水果不“啃”着吃，榨汁喝；肉不“咬”着吃，打成肉泥，入口即化；粮谷、豆类不再“粗”，磨成糊糊。可供孩子咀嚼的食物太少了，眼球的供血不足，巩膜的韧性差，是“近视”的诱因之一。

对策：提供要嚼着吃的食物，充分发挥牙齿的功能。

口臭，调整饮食有秘籍

宝宝既不抽烟，又不吃生葱生蒜，这“口气”能有问题吗？事实上，宝宝也会有口臭，而最多见的原因是胃肠功能紊乱。此时就得赶紧调整饮食了。

变“高蛋白餐”为“平衡膳食”

宝宝有口臭，往往与“高蛋白餐”有关。牛奶敞开喝，鸡蛋、肉类敞开吃，结果是消化不良，出现“积食”。厚厚的舌苔是细菌和食物残渣的混合物，加上消化不良浊气上升，形成口臭。欲使宝宝口气清新，要变“高蛋白餐”为“平衡膳食”，恢复正常的消化功能。

变“婴儿饭”为“幼儿饭”

宝宝满了 3 岁，若还吃“婴儿饭”，肉打碎成泥、菜剁成细末……少有耐嚼的食物，由于缺少咀嚼的刺激，唾液分泌少，口腔的自净作用差，会有口臭。在膳食中必须有富含膳食纤维的食物。膳食纤维是“天然牙膏”，可以清洁口腔。

变“不分你我”为“公筷公勺”

胃的幽门部位，若有幽门螺杆菌寄生，胃的消化功能失常，口腔会出现馊味。宝宝被感染，往往是被家长传染的，传染的媒介是唾液。水杯专用、公筷公勺，是家庭饮食卫生中的重要环节。

变“排便困难”为“排便通畅”

便秘，粪便久滞体内，浊气上蹿，引起口臭。古人称排便似“河道行舟”。3~7 岁宝宝每天的饮水量约需 1200 毫升，滋润“河道”。另外，“行舟”需要动力。3~7 岁宝宝每天需要 4~5 两粮、3~6 两蔬菜、3~6 两水果，以保证肠道有正常的蠕动，即动力。

预防“燕口疮”

什么是“燕口疮”

特征：嘴角出现裂纹，挂着血丝和厚痂，一咧嘴就疼。

元凶：缺乏核黄素（维生素 B_2）。偏食是病根儿。

危害：不敢张大嘴，影响进食。更糟糕的是，缺乏维生素 B_2 可影响铁的吸收利用，进而出现缺铁性贫血的一系列症状。

父母需要注意：如果宝宝不正正经经坐在饭桌旁吃饭，开饭时，就拿块饼、拿块馒头，边吃边玩，很难得到均衡的营养。要培养宝宝定时、定点（地点）正经吃饭的习惯，提供粗细粮搭配、荤素搭配的膳食。

富含维生素 B_2 的食材有：瘦肉、肝、鱼、虾、奶、蛋、蘑菇、绿叶蔬菜。常吃菌类，荤素搭配，可预防维生素 B_2 的缺乏。

叮嘱孩子别用舌头去舔嘴唇、嘴角。唾液中除了水分，还有蛋白质，水分蒸发，留下蛋白质，嘴角更易结痂、干裂。

小贴士

得了“燕口疮”，孩子嘴疼，怎么食补

营养学家支招儿：少煎、炸、炒、烤，多羹、膏、汤、冻。

什锦虾羹

主料：鸡蛋、虾仁、黑木耳。

做法：蛋花中入虾仁丁、木耳丁，调味，入温水，蒸15分钟。温服。

红烩牛肉膏

主料：牛肉、鸡蛋、番茄酱。

做法：牛肉切碎末，加鸡蛋，入调料、淀粉，沿一个方向搅出黏性。盘上抹油，铺上牛肉膏，蒸25分钟。切成小块，温服。

南瓜菠菜冻

主料：南瓜、菠菜、洋粉（琼脂）。

做法：蒸南瓜泥，菠菜切末、焯熟。煮洋粉，入调料，分别制成双色冻。

若患“手足口”，食疗三步走

手足口病是一种由病毒引起的传染病，它的症状可谓“四不像”：发烧，但不像感冒；嘴里长疮，但比一般口疮多且特别疼；手指、脚趾上有红点，但不像蚊子叮的；身上有红点，但不像水痘那么多，主要集中在臀部。

孩子得了手足口病，除了要按医嘱治疗，合理的饮食也可以帮助孩子恢复抵抗力，促进康复。根据手足口病各阶段的特征，食疗主要分三步走。

第一阶段：病初。嘴疼、畏食

饮食要点：以牛奶、豆浆、米汤、蛋花汤等流质食物为主，少食多餐，维持基本的营养需要。为了进食时减少嘴疼，食物的温度要不烫、不凉，味道要不咸、不酸。这里介绍一个小窍门——用吸管来吸食，减少食物与口腔黏膜的接触。

第二阶段：烧退。嘴疼减轻

饮食要点：以泥糊状食物为主。比如：牛奶香蕉糊。牛奶提供优质蛋白质；香蕉富含碳水化合物、胡萝卜素和果胶，能提供热能、维生素，且润肠通便。

第三阶段：恢复期

饮食要点：比平日加一餐，量不用多，但营养密度要高。比如：“彩色蛋羹”（在蛋液中加入少量菜末、碎蘑菇、碎豆腐等）。十天左右恢复正常饮食。

有关手足口病的食疗，还有一些说法。有的主张“全素，不能动荤腥”。但是，完全吃素，易缺少优质蛋白质，而“抗体”是一种蛋白质，故全素不妥。也有主张要“表疹”（让皮疹出透，可以减少并发症），这是从应对麻疹那里得来的经验。麻疹的早期食疗，可以用香菜、芦根等煮水喝，以“表疹”，但是手足口病和麻疹不一样，没有“出透”“出不透”之说，所以也没必要“表疹”。

食品搅拌机 PK 牙齿

如今，孩子们已经很少能吃到像铁蚕豆、锅巴那样耐嚼的零食了。如果再把吃蔬菜、水果换成“喝”蔬菜、水果，吃肉也只吃用肉泥制成的丸子，入口即化，缺少了耐嚼的食物，长此下去，问题多多。前面有文已经讲到了可能对眼睛的影响。除此之外，还可能导致下列问题。

需要“正畸”的孩子，可能多了

缺少咀嚼的刺激，乳牙该掉时不掉，恒牙只能从一旁挤出，形成“双层牙”。缺少咀嚼的刺激，颌骨发育不良，待恒牙萌出时，“地盘”太小，难免出现拥挤、错位、歪七扭八的现象。

需要“补牙”的孩子，可能多了

吃蔬菜、吃水果，在咀嚼时，食物中的“筋”“渣”把牙面擦洗了。全改为“喝”蔬菜、水果了，食物一滑而过，只留下糖在齿间，龋齿自然会增加。

得“胃病”的孩子，可能多了

咀嚼刺激唾液腺，唾液分泌增多，其中的淀粉酶对淀粉起着初步消化的作用；其中的溶菌酶对幽门螺杆菌有杀灭作用。不用咀嚼了，唾液分泌减少，幽门螺杆菌大摇大摆地进到胃里，埋下胃病的祸根。

长大需要“美容”的孩子，可能多了

面容的和谐、自然，与颌骨的正常发育有关。缺少耐嚼的食物，颌骨发育欠佳，就可能出现“小下巴”“噘腮”“短面”等情况。

合理搭配食物，让宝宝有副好牙齿

乳牙出齐，恒牙奠基

宝宝到两岁半左右，20 颗乳牙就全部出齐了。乳牙出齐后至恒牙萌出，是恒牙钙化的关键期。关注宝宝的固齿和护齿食物，不仅有利于乳牙的健康，还能使尚未萌出的恒牙发育正常。

牙齿发育，不可缺少钙营养

小餐桌上有富含钙的食品，细水长流，是获取钙的最佳途径。在宝宝一天的膳食中，有奶、有豆，六成钙已够。另外，常吃些芝麻酱、小虾皮、海带、紫菜、绿叶菜、带刺的小酥鱼，其他四成的需要就能满足。

固齿、护齿光靠钙营养不行

牙齿好，不仅需要钙，还需要维生素 D、维生素 A、维生素 C 等营养素，以及适量的膳食纤维。

维生素 D：可以促进钙的吸收和利用，不使食物中的钙“穿肠过”。所以，每天尽量让宝宝到户外去晒晒太阳。

维生素 A：如果缺少维生素 A，牙齿就会发育缓慢。所以应让孩子多吃南瓜、胡萝卜等富含胡萝卜素的食物。胡萝卜素在体内可以转化成维生素 A。肝、瘦肉等富含维生素 A，可以多吃些。

维生素 C：缺少维生素 C，容易造成牙槽骨萎缩、牙龈出血。每天要让宝宝多吃富含维生素 C 的蔬菜和水果。

膳食纤维：适量的膳食纤维有清洁牙面的作用，对护齿功不可没。宝宝的食谱要粗细粮搭配，常吃点耐嚼的蔬菜。

要使宝宝的牙齿健康，需要优化组合的营养。

它们是维护气道的功臣

要想宝宝不被咳喘困扰，应格外重视维护好呼吸道的健康。说到这儿，就不能不提与饮食相关的三位功臣。

第一位功臣：白开水

主要业绩：清除细菌病毒的“培养基”，断了它们的“粮草”。

咽部，特别是扁桃体，是“窝藏”细菌的“大本营”。喝完牛奶、甜饮料、甜粥，再喝几口白开水，就把细菌的“培养基”冲走了。常用白开水漱漱口，也能冲刷掉“窝藏”在咽部的细菌。咽，与气管相连。咽部清爽了，气管也清爽了。

第二位功臣：膳食纤维

主要业绩：通便、宣肺。

按照中医的理论，“肺与大肠相表里”，如果大便不通畅，浊气上逆，则咳喘至。当代胚胎学提出“气管与支气管来源于原始肠子的一个皱襞”，肺与大肠确实有着微妙的关系。父母在配餐时需要注意：主食别光吃细粮；别用果汁代替水果；绿叶菜的茎、叶都吃。以膳食中“有渣”，但不“多渣”为宜。

第三位功臣：维生素 A

主要业绩：为气管里的“狙击战”充当“后勤给养”。

健康的气管，自净作用强。当细菌蹿入，先被分泌物粘住，再被气管四壁飞快抖动的纤毛扫到嗓子眼，咳出。滋养纤毛的养料，就是维生素 A。缺少给养，纤毛脱落、倒伏，细菌容易得逞。

动物性食物，如肝、瘦肉、蛋黄等富含维生素 A，但食量应控制。植物性食物所含的胡萝卜素，则是极佳的“维生素 A 原”。

咳嗽，食疗有讲究

体质差的宝宝，一沾风、沾凉、沾热，十有八九就要感冒，一感冒就引起咳嗽，一咳嗽就十天半个月好不了。改变宝宝孱弱的体质以及缓解咳嗽带来的不适，食疗都能起到重要的作用。当然，想让食物发挥疗效，还需有讲究。

大处着眼

加固人体的防线，注意添加富含维生素 A 的食物，维护气管的自净作用；维护人体的免疫力，不可缺少富含维生素 C 的食物；让垃圾“日产日清”，不可缺少富含膳食纤维的食物。

小处着手

治疗咳嗽的食物，人们首先想到梨。然而是否适合用梨做食疗，先要辨别孩子是风热咳嗽，还是风寒咳嗽。

风热咳嗽的症状主要有：痰稠、咽干、便干、尿赤、舌苔厚腻；风寒咳嗽的症状主要有：痰稀薄、便稀、舌苔薄白、畏寒。从中医食疗的角度来看，梨为寒性，所以适用于风热咳嗽的食疗。

小贴士

食疗小菜谱——雪梨炒两丁

准备：雪梨、鸡肉、兔肉、红柿子椒、鸡蛋清、鸡精、料酒、精盐、水淀粉、食用油、姜片、葱段、高汤。

做法：1. 将鸡肉、兔肉切成一厘米见方的肉丁，用精盐、料酒、鸡精、鸡蛋清、水淀粉腌制；梨去皮、核，洗净，切成0.8厘米见方的丁；红柿子椒也切成丁。

2. 将姜片和葱段放入一个小碗里，加入鸡精、料酒、精盐和水淀粉做成汁待用。

3. 锅内倒入食用油，等油3成热时，放入鸡肉丁、兔肉丁，炸好后捞出沥干油；锅底留底油，放红柿子椒丁和梨丁爆炒，加入刚才调好的汁，再加入鸡、兔两丁翻炒几下即可。

扶持肠道内的有益菌

如果有人说，在宝宝体内有上亿的细菌，您还别不信，它们就居住在肠道里，不过它们有不同的身份。最多的一类细菌是有益菌，也叫“优势菌群”，它们是肠道里的常住居民，也是人体的卫士。较少的一类是致病菌，可以引起“病从口入”的肠道传染病。虽说它们只是“过路客”，但也能在流窜中作案，痢疾、肠炎、伤寒、霍乱等，就是案例。还有一类是“条件致病菌”，随风倒，谁的势力大就随谁，有益菌的势力大，就能把它们争取过来。

肠道内的细菌战，从未停过火。只要有益菌的战斗力强，致病菌就不易得逞，这对维护宝宝的健康十分重要。而饮食上的一些误区，往往伤害了有益菌，帮了致病菌。

误区之一：蛋白质越多越好

宝宝爱吃肉、蛋，就由着他吃，往饱了吃，这可不好。动物性食物是酸性食物，肠道内如果是酸性环境，会使有益菌的数量减少。

误区之二：食不厌精

膳食中缺“筋”少“渣”，肠道的蠕动减慢，使“过路客”滞留体内，给了它们作案的机会。

种菌、养菌，可以扶持有益菌

种菌：可以帮助我们增加有益菌的数量。比如，每天让宝宝喝杯酸奶。要选纯酸奶，而不是带“酸奶”二字的乳饮料。还有一些“非发酵型乳饮料”，只具酸味，不含活性乳酸菌，更是达不到“种菌”的目的。

养菌：可以帮助我们提高有益菌的质量。比如，双歧杆菌是以“水苏糖”为食物的。在宝宝的膳食中常有些含“水苏糖”的食物和蔬果（大豆、玉米、芝麻、洋葱、芦笋、香蕉、全麦面包等），让双歧杆菌吃饱吃好，战斗力才旺盛。

腹泻，家庭食养四要点

秋高气爽之际，一种叫“轮状病毒”的病原体特别猖獗，由它引起的腹泻被称为“秋季腹泻”。病毒入侵，抗菌素对它无能为力，当务之急是把吐、泻丢失的体液补回来，并尽快补充营养、恢复元气，才能战胜病毒。

病初期，水泻严重——焦米汤可应急

太快了，刚发烧就又吐又泻，大便呈水样或蛋花汤样。泻过几次，孩子的眼窝都凹陷了，人也蔫了，得赶紧把丢失的体液补上。吐、泻丢失的体液，不仅有水分，还有钾、钠、氯等电解质。这时，喝白开水、果汁饮料都无能为力，如果没有“口服补液盐”，可以用焦米汤（制法：把大米或小米用文火炒焦，碾成米粉，熬成米汤后加点糖、加点盐）应急。

病程中，不必禁食——吃什么有讲究

仍在腹泻，可以吃“无渣”“无油”的食物，胃肠不必全休，但要减轻负担。“无渣”，是指含的膳食纤维非常少，比如：藕粉、蒸苹果。“无油”，比如：脱脂酸奶（活性乳酸杆菌有助于恢复肠道的正常功能）、撇去浮油的鸡汤（补充水和盐，刺激食欲）。

恢复期，要加强营养——少渣、少油、少胀气

“少渣”，可以吃富强粉面片以及鸡肉末、鸡蛋羹等食物，不要吃芹菜、韭菜、豆芽菜等膳食纤维多的蔬菜。“少油”，不用炸、煎的烹调方法。“少胀气”，不要喝豆浆，不吃豆制品、红薯。

病愈后，餐次增加——监测体重恢复情况

病后不用“大补”，但是在三餐之外要另加 1~2 餐，使体重在两周左右恢复到病前水平。避免“病一回，缓半年”的现象出现。

腊八粥——健脑一品粥

“腊八”喝腊八粥，是千年以来的习俗。五谷杂粮，各色豆类，加上干果、坚果，融精华于一碗，按现代营养学的观点，称得上是“健脑一品粥”。

大米、小米、黄米、紫米……

粗细粮搭配。粗粮含维生素 B_1 丰富，维生素 B_1 是碳水化合物代谢中不可缺少的营养素。碳水化合物代谢产生的葡萄糖，是大脑能利用的能源。能源充足，宝宝的大脑才能充满活力。

花生、核桃、杏仁、瓜子……

DHA，俗称脑黄金。花生、核桃、杏仁等坚果，富含可在人体内转化为 DHA 的物质。适量吃些含坚果的粥，对增强宝宝的智力，大有益处。

大枣、葡萄干、杏干……

各种干果富含铁。铁是打造红细胞的原料。红细胞是运载氧气的“船”。宝宝不贫血，向大脑输送的氧气充足，精神足，好奇心强，学什么都快。

黄豆、黑豆、红小豆、绿豆……

粮、豆搭配，使粮食中所缺的赖氨酸得到补充，使原本营养价值较低的植物蛋白，提高了身价，而优质蛋白质正是构建神经网络的“砖瓦”。豆类中的磷脂在体内可转化成“乙酰胆碱”，“乙酰胆碱”被称为“记忆素”。常吃豆类，可使大脑思维敏捷，记得快、记得住。

既然有这么多好处，何必非等到“腊八”才喝腊八粥？厨房里不妨放些小罐罐，里面分别放上几种粮、豆、干果，时不时做上一份腊八粥。

适量吃肉，获取优质蛋白质

宝宝不宜完全吃素

有句顺口溜是这样说的:“吃四条腿的（猪、牛、羊），不如吃两条腿的（鸡、鸭、鹅），吃两条腿的，不如吃一条腿的（蘑菇）。”但幼儿正值生长发育时期，是脑细胞“生枝、长叶”的时期，需要充足的养料，而养料中就包括优质蛋白质。适量吃鱼、禽、瘦肉和蛋等“荤食”，可以获得优质蛋白质。

蛋白质的优与劣

食物中的蛋白质，在人体内都能分解为各种氨基酸。人体利用这些氨基酸组成自身的组织：神经网络、红细胞、肌肉……在各种氨基酸中，有八种是不可被替代的，就是我们所说的“必需氨基酸”。动物蛋白质和大豆蛋白质含必需氨基酸齐全，能被人体充分利用，所以被称为“优质蛋白质”或“完全蛋白质”；谷类中的植物蛋白质，因为所含的必需氨基酸不齐全，利用率差，被称为“不完全蛋白质”。

宝宝每天需要多少优质蛋白质

在蛋白质总摄入量中，优质蛋白质不应少于 50%，但也并不是越多越好。

以 4 岁孩子为例，这个年龄段的孩子每天需要摄入 50 克蛋白质，其中 25 克左右为优质蛋白质，另外 25 克左右为不完全蛋白质。

下表中的饮食安排即可满足这个年龄孩子对蛋白质的需要量。

食物	蛋白质（克）	食物	蛋白质（克）
200 毫升牛奶	6	200 克粮	18
1 个鸡蛋	8		
50 克豆腐	6	200 克蔬菜	2
50 克鱼	10		
共提供优质蛋白质	30	共提供不完全蛋白质	20

高汤，怎么喝才“高”

煲高汤，可以做到美味，但是宝宝喝了未必能“养人”。高汤，怎么喝才“高”？下面就针对最常见的两种喝法做一讨论。

宝宝光喝汤，不吃“渣”

煲汤，汤里的肉往往被当成“渣子”，似乎营养全在汤里，于是大人让宝宝喝汤，自己吃“渣”。其实，汤鲜是因为有较多的脂肪和一些氨基酸。在煲制的过程中，只有5%左右的蛋白质降解为氨基酸，溶在汤里，其余的蛋白质仍在“渣”里。至于钙、铁、锌，汤中则更少了。

用高汤泡饭，吃着爽

如果宝宝吃饭磨蹭，或是夏天缺少食欲，父母往往会使用高汤泡饭这一招儿，宝宝猛扒几口汤泡饭，一抹嘴，饱了。

然而这招儿并不“高”，因为“靠高汤，养不出壮宝宝”。其一，米、面未经过充分咀嚼，缺少了消化的第一个环节，加重了胃的负担。其二，高汤既缺少无机盐（如钙、铁、锌），又缺少维生素（如维生素C、叶酸等），只习惯于吃高汤泡饭，宝宝易缺锌、钙、铁、维生素C、叶酸等。

高汤怎么喝才“高”呢

开饭了，先上一小碗高汤来开胃，接下来正正经经吃主食、副食，包括汤里的肉。用高汤佐餐，这汤才喝着“高”。

预防高血压，儿童期要少吃盐

专家指出：由于儿童的血压水平与成年后血压高低有密切关系，因此应该重视从婴幼儿时期开始避免高盐饮食。从小习惯于吃少盐的食物，养成清淡的口味，是一种有益健康的饮食习惯。盐多、盐少，要由家长来掌控，因此要做到几个“心中有数”。

对盐的需要量，“心中有数”

6 个月以下的宝宝，每天摄入的盐应该在 1 克以下；7~12 个月，每天摄入的盐应该在 1 克左右；1~3 岁，每天不超过 1.3 克；4~6 岁，每天不超过 2.3 克（大致为成人适宜用盐量的一半）。

未加辅食的婴儿，自母乳或配方奶已摄入足够的钠。4~6 个月宝宝，初加辅食，不必加盐，原汁原味宝宝也爱吃。7 个月以后，辅食中可以略加盐。

宝宝对咸味的敏感度远高于成人，特别是老年人。老年人尝婴儿的食物，若觉得“有味儿”，对婴儿来说就过咸了，觉得“没味儿”才适合婴儿。所以，大人掌勺，尤其是老人掌勺，自己尝着咸淡合适，对孩子来说就可能“口重”了。最好给孩子单做一两样咸淡合适的菜。

对“咸味零食”，“心中有数”

做菜控制用盐量了，如果不控制“咸味零食”，“限盐”目标也会落空。鱼干、果脯、瓜子等，含钠都不少。

对“加钠饮料”，“心中有数”

有的父母把运动饮料当成普通饮料，宝宝爱喝就买。运动饮料又称糖、电解质饮料，配方中添加了钠。宝宝的运动量有限，喝白开水就挺好。如果常喝运动饮料，没吃咸，却喝咸了。

对“富钾食材”，“心中有数”

膳食中有适量的钾，有助于机体排出过多的钠。蔬菜、水果，是补充钾的主要食材，比如，油菜、菠菜、芹菜、番茄、土豆、菌藻，以及香蕉、苹果、柠檬等都是富含钾的食材。在菜篮子里、果盘里，常让它们露面，它们是“限盐”的好帮手。

让宝宝从小习惯于吃原汁原味的食物，吃清淡少盐的食物。习惯了“口轻”，终生受益。

小贴士

别忽略了零食里的“钠”

果脯比水果咸多了，比一比每100克食物含钠毫克数：

桃，5.7毫克；桃脯，243毫克；西瓜，2.4毫克；西瓜脯，529毫克。

鱼干、肉干钠太多，比一比每100克食物含钠毫克数：

瘦牛肉，53毫克；牛肉干，412毫克；草鱼，46毫克；鱼干，2320毫克。

炒货太咸。比如，宝宝吃炒瓜子是整颗含进嘴里，瓜子没吃多少，盐却吃了不少。

家长会用“糖”，宝宝添健康

说到“糖”，使人联想到“甜”。然而，“糖”是一个“大家族”。有的甜，有的不甜；有的能被消化，有的则是“渣子”。会吃“糖”，关系着宝宝的健康。

应从小控制的“糖”——蔗糖

宝宝喜爱甜食，完全不让吃，很难办到，但不可嗜甜。嗜甜，口腔中的蔗糖经细菌分解产生酸，腐蚀牙齿；嗜甜，蔗糖很快被吸收，继而转换成脂肪贮存起来；嗜甜，早饱使宝宝不正正经经吃饭，虽胖但营养不良。

控制“甜食”的策略：

(1) 不把“糖”作为奖励物。

(2) 马上要开饭的时候，不让吃甜食。

(3) 讲有关牙齿的故事，看有关保护牙齿的图画书。

(4) 家中不备甜食，眼不见不馋。

提供主要能源的“糖”——淀粉

合理的膳食结构，主食是谷、薯类，而不是肉类。认为宝宝小，先尽量吃肉，会偏离合理饮食的轨道。谷、薯类所含的淀粉，在体内转化为葡萄糖，是主要的“能源”。如果一顿饭，有肉、有蛋，宝宝却很少吃或不吃主食，靠蛋白质和脂肪来提供能量，最吃亏的是人体的司令部——大脑。大脑所需要的能源是谷、薯类所含的淀粉。

虽不被消化，但不可缺少的“糖”——膳食纤维

营养学，把不能被人体消化吸收的“多糖”，称为膳食纤维，俗称“渣子”。“渣子”不是废物，它在被咀嚼时，清洁牙面；进入肠道后，促进肠蠕动，避免粪便滞留体内。但并非“渣子”越多越好。

主食若为细粮，蔬菜可选绿叶菜；主食粗细粮搭配，蔬菜宜选黄瓜、苦瓜、西红柿等“渣子”少的菜。“渣子”太多，会影响铁、锌、钙等的吸收和利用。

未必要用的“糖”——葡萄糖

病人在不能进食的情况下，输葡萄糖液以提供热能。健康宝宝完全可以从谷类、水果等食物中得到葡萄糖。以“血糖生成指数”来比较，葡萄糖为 100，大米为 72。血糖生成指数低，意味着胰腺的负担轻，血糖不会大起大落。

如果认为孩子不好好吃饭，可以用喝葡萄糖水来“找补”，可就错了。一顿饭，提供的是全面、均衡的饮食；而葡萄糖只能提供“纯热能”，从营养上来说亏大了。

第五章 饮食习惯

家中备有“六件”，健康饮食有保障

这里说的六件，虽不值钱，但对宝宝的健康饮食有贡献。

一张“宝塔图”，合理配膳就有谱

宝宝上桌吃饭了，需要合理、均衡的营养。中国营养学会提出的“平衡膳食宝塔”就是“吃什么，吃多少”的实用指南。具体请参考第 167~168 页相关内容。

一把“小盐勺”，拿捏口味就有数

为宝宝做饭，要想到“限盐”，并用小盐勺“量化”，不要靠尝咸淡来控制。因为大人觉得不咸、够味，对宝宝来说就有可能“口重”了。婴幼儿每天对盐的需要量，请参考第 159 页相关内容。

一个“玻璃瓶”，纠正偏饮就管用

如果家中有不少饮料，唯独没有一个晾凉开水的工具，宝宝只喝饮料，随着饮料会喝进人体并不需要的“料”（例如各种添加剂），这种偏饮会伤害宝宝的健康。可口的凉白开，不加“料”，最养人。

一台“体重秤”，判断胖瘦就有准

判断宝宝的胖瘦，不能凭感觉、靠目测。备个秤，定期给宝宝称体重，再将结果标到保健部门发的“生长发育监测图”上，进行动态的观察。超重，早干预；消瘦，查原因、找出隐患。

一根“软皮尺”，生长监测用处多

评价宝宝的生长发育，有一项重要的指标，即“身高别体重”，反映身材是否匀称，既别是“豆芽菜”，也别是“小胖墩”。除了量身高，对 1~5 岁的宝宝，还可测量上臂围，若上臂围增长得太多，预示肥胖（一般 1~5 岁增加 1~2 厘米）。

一个“小皮球”，提醒吃动两平衡

营养和运动是一对好搭档。运动使血脉流通，促进消化吸收；运动使热能的收支平衡；运动带来的好心情延伸到餐桌上，吃饭香。一个小皮球，或一个毽子、一根跳绳，就能让宝宝动起来、笑起来。

巧烹调，“留住”营养素

有这么一个公式：

营养结局 = 原料的营养成分 + 烹调中对营养素的保存率 + 人体的消化能力。

“巧”烹调，就是要讲究烹调方法，意在尽量减少原料中营养素的损失，同时提高食物的消化吸收率，以求得一个好的营养结局，使宝宝更多地受益。

巧烹调，留住主食中的维生素 B_1

说到维生素 B_1，那可是关系到脑健康的一种维生素。五谷杂粮在体内代谢后分解成葡萄糖，葡萄糖是大脑唯一能利用的能源。维生素 B_1 是“糖代谢”中不可缺少的物质，缺少了它，五谷杂粮的分解就会中断，大脑也就会发生“能源危机”了。

营养学家为人们展示了这样一组营养分析的结果：

食物	烹饪方法	烹调前维生素 B_1 含量（毫克 /100 克）	烹调后维生素 B_1 含量（毫克 /100 克）	维生素 B_1 保存率 (%)
稻米	捞饭	0.21	0.07	33
稻米	碗蒸	0.21	0.13	62
面粉	炸油条	0.49	0	0
面粉	烙饼	0.49	0.38	79

做大米饭别用捞饭的办法，面食尽量少炸着吃，才能“锁住”维生素 B_1。因为维生素 B_1 属于水溶性维生素，会随着水悄悄溜走，还怕高温。

粗粮里含丰富的维生素 B_1。所以每当鲜嫩的玉米上市了，大家常会买来或蒸、煮，或烤食，大人、孩子都喜欢吃。但是，宝宝的咀嚼能力还比较差，整粒的玉米嚼不烂，就会影响到肠胃的消化吸收。所以，我们不妨用鲜玉米做菜，或进行适当加工，来给宝宝吃。比如，用玉米糊加面粉糊，制作玉米饼；在玉米糊中加盐、香油、虾（鱼、猪肉等），搅匀做成丸子，蒸食。

巧烹调，留住蔬菜中的维生素 C

先洗后切，切好后不要浸泡。添醋撤碱。维生素 C 喜欢酸性环境。醋烹豆芽菜就是挺好的招儿，留住维生素 C。急火快炒。就拿柿子椒来说吧，把它切成丝，用油炒一分半钟，加盐，起锅，维生素 C 的保存率是 78%。生柿子椒，每 100 克中含维生素 C 为 72 毫克，急火快炒后仍留有 56 毫克的维生素 C，相当于 3 斤鸭梨或 4 斤苹果中所含的维生素 C。最后再放盐，可以减少菜肴的汁液，减少维生素 C 从菜中流失到菜汤里去的量。上浆勾芡。芡粉中的“谷胱甘肽”对维生素 C 具有保护作用。

巧烹调，莫让钙“穿肠过”

少吃整黄豆。豆腐、豆腐脑、豆浆的消化率在 80% 以上，比整粒炒黄豆或煮黄豆吸收率高。鱼头炖豆腐，豆腐富含钙，鱼头中富含维生素 D，搭配合理，强强联合。先焯去草酸。有些蔬菜含草酸多。先把这些菜“焯”一下去掉草酸，就不用担心形成草酸钙，让钙“穿肠过”了。

巧烹调，让抗氧化物显威

胡萝卜素和番茄红素都是知名的“抗氧化物”，属于脂溶性的营养素。油炒西红柿、油炒胡萝卜，或与荤菜搭配着吃，其所含的“抗氧化物”才能显威，增强宝宝的抵抗力。

小餐桌上讲科学

孩子开始上桌吃饭了。常在餐桌上的是什么食物，口味如何，大人随意说出的话语，餐桌上的气氛，都会影响孩子的饮食行为和进餐心理。

餐桌上讲科学，才能保证孩子吃出健康。从一上桌，就应该有个好的开端。

饭菜巧搭配——使孩子获得平衡的膳食

营养学家用“膳食宝塔”把食物的种类、比例做了形象的介绍。

宝塔最底层:五谷杂粮。主食不可少，粗、细粮搭配着吃。有五谷杂粮“垫底”，大脑不缺能源、维生素 B_1 和润肠通便的膳食纤维。

第二层：蔬菜水果。果肉细腻、含汁多，是维生素 C 的良好来源。蔬菜是钙、铁以及膳食纤维的良好来源，且耐咀嚼，有助于牙齿的健康。蔬菜、水果不宜相互代替。

第三层：鱼、禽，肉、蛋。这些是优质蛋白质、锌、钙、铁的良好来源。但食用量要适中。

第四层：乳类和大豆、大豆制品。每天一杯奶，壮骨、固齿、益智。大豆享有“绿色乳牛”之称，大豆或大豆制品可以变着花样天天露面。

塔尖：油脂和盐。油脂，没它不行，它参与神经网络的构建，脂溶性维生素靠它才能被人体利用，它还是能源。但太多有弊。

最重要的是使“家庭食物圈”多样化，使孩子习惯于吃各种食物，不偏食，不挑食。父母要注意自己的饮食习惯，大人随口说出的“胡萝卜真难吃”之类的话，都会影响孩子对食物的喜恶。

另外，要培养孩子健康的口味，如不嗜甜，不嗜咸，不嗜煎炸食物。

三餐要准时——使孩子养成有规律进食的习惯

养成按时吃饭的习惯，饭前有饥饿感，吃饭香。如果孩子平时吃零食过多，三顿饭没准钟点，那么开饭时，孩子是满脸厌腻，兴奋不起来。

饮食有规律还应该表现为每顿饭能在半小时左右吃完，既要细嚼慢咽，又不磨蹭。要养成专心吃饭的好习惯，不允许边吃边玩，边吃边看电视。

有规律地进食，还表现在“饱饥适度”。一个健康的孩子，只要饮食有规律，运动量适宜，进餐时愉快，就别怕他饿着，吃多吃少顺其自然。孩子说饱了，就可以不吃了。当然，没吃饱，别指望零食。

进餐气氛好——使孩子有健康的进食心理

人体的食欲中枢位于下丘脑，它受大脑皮层的调控。紧张、不安、怄气，都会使食欲受到抑制，应了那句俗话：“气都气饱了”，就是勉强吞下食物，也不好消化。

遗憾的是，不少父母常常非要孩子达到自己认为的“理想进食量”，才允许孩子离开餐桌。否则，哄、骗、吓唬、硬喂等各种招儿都使出来，使餐桌气氛紧张。

要想食欲好，先得情绪好。愉快，是开胃的一剂良药。

做重视“食育”的时尚好爸爸

时尚好爸爸，应该学会用“爸爸的方式”来进行“食育”。

丰富自家的“菜篮子”

妈妈进菜市场，往往被“惯性”所驱使，直奔熟悉的菜摊，买回一些“熟面孔”。

好爸爸进菜市场，是带着一种尝试的心理，常会买回一些“新面孔”。菜篮子丰富了，也就开拓了宝宝的口味，使其更趋“杂食”。

尝尝“爸爸的味道”

好爸爸会不时下厨房露一手。妈妈做菜，丝切得细，丁切得小，菜煮得烂，饭焖得软。而好爸爸做菜，经常是大块、宽丝、菜脆、有嚼劲儿、味道新鲜，宝宝吃得那叫一个“香”。而且食物有嚼劲儿，无论对宝宝的牙齿还是颌面部的发育都有益处。

不惯着宝宝“吃独食”

在饭桌上，虽然菜不少，但妈妈往往会有意无意地把宝宝喜欢的菜先让着宝宝吃。

好爸爸则可能“清醒”得多，不让宝宝吃独食，要求宝宝懂得分享。教育宝宝知分享、知谦让、知感恩，从“吃”上做起，收效最大。

在饭桌上不唠叨

妈妈对宝宝的饭量，往往容易计较，总盯着宝宝。少吃了几口，就要劝、要喂，弄得宝宝烦。

好爸爸更看重宝宝“自主”“自立”，相信“食欲波动本平常，不必苛求顿顿香”。

做宝宝的“玩伴”

营养和运动是一对好搭档。“吃得好”还要“动得好”，才能体型匀称，体脂适中。好爸爸能陪着宝宝“疯玩”，不会总“宅”在家里。

餐桌氛围影响食欲

宝宝吃饭不香，去医院检查，医生说胃肠没毛病。于是，父母觉得只能在饭桌上盯紧点，每顿都逼着吃“够”量。然而，食欲和胃的消化功能都与情绪有关，在饭桌上和宝宝较劲儿，不能解决宝宝吃饭不香的问题。在进食过程中，心理紧张压抑、不开心，会使胃的蠕动减慢、胃液分泌减少，食之无味，消化不好。那么，面对一上饭桌就满脸厌腻的宝宝，该怎么办呢？

饭少盛，菜少夹

宝宝一上桌，看到满满一碗饭，就先皱起了眉头，因为怕吃不完挨训，饭还没吃就先倒了胃口。孩子喜欢一次次地添饭，然后自豪地说：“我吃了两碗、三碗。”饭少盛，吃完再添；菜一次少夹，吃完再夹。这样可以增加孩子的成就感。

给自由，可选择

吃饭本是一种享受，选择食物不等于“挑食”。孩子大多喜欢形状可爱、新鲜的食物。可能今天爱吃黄瓜，明天爱吃冬瓜，上个星期说不爱吃的，这个星期吃得挺香。不要轻易给孩子扣上“挑食”的帽子。不妨借鉴自助餐的形式，花样多一些，任其自取。大人要做出榜样，什么都吃一点。不必盯着孩子的盘子，说些轻松的话题，试试效果怎么样。

让宝宝成为小帮手

带上宝宝一同去菜市场、超市采购食材，让宝宝“拿主意”买些什么（可以适当启发宝宝）。回到家，让宝宝“帮厨”，剥剥豆，发发木耳。尽管有可能越帮越忙，但宝宝的参与意识必须鼓励。饭菜上桌时，也别忘了强调一下“这个菜是宝宝选的，那个菜是宝宝帮忙做的”。如此一来，宝宝会觉得自己很能干，很自豪，吃饭的胃口自然要好多了。

为“偏食”的宝宝说几句公道话

宝宝一旦被扣上“挑食”“偏食”的帽子,自然就被认定是“饮食行为不良”,免不了受数落、挨批评。但有时候,“偏食”并非全是宝宝的错。

误判——把“挑选”当成“挑食”

谷、蔬、果、肉等几大类食物,经合理搭配组成平衡膳食。至于在一大类之中,比如蔬菜,是喜欢吃小油菜,还是喜欢吃菠菜,应该给宝宝挑选的自由。

误解——把“没吃惯”当成“不爱吃”

婴儿一出生就本能地会吸吮乳汁。往后,每吃一种新食物都要有个适应的过程。当食物的质地、味道等出现变化时,当食物的色、形以前没见过时,“拒食”很正常。

误区——只重视“开胃”,轻视“心理疏导”

对于“偏食”的宝宝,大人往往只想到“开胃”“补”,而忽略了心理因素也会导致“偏食”。比如,宝宝正吃着某种食物时,受到了惊吓,那么以后就可能拒食这种食物,这时就需要用“心理疏导”的方法。

一般而言,专治“偏食”的方法如下:

(1)“给”:在一定范围内,给宝宝选择的自由。“今天,你想吃番茄,还是想吃菜花?”

(2)“忘”:忘掉宝宝“不爱吃什么”,不提醒,因为每提醒一次就是一次强化。

(3)“饥”:定时、定量提供零食,让宝宝饭前有饥饿感,饥不择食。

(4)“变”:主食、副食常变花样。打开胃口的前提是避免单调,应杂食。

(5)“带”:大人自己别“偏食”,饭菜上桌,津津有味地吃。

(6)“查”:缺锌补锌、缺铁补铁。因心理因素引发的“偏食”,应求助心理医生。

进食行为与喂养艺术

由于先天神经类型和后天喂养环境的差异，宝宝到了三四岁以后，逐渐形成自己较为固定的进食行为。建议父母针对自己宝宝的进食行为，探索出与之匹配的喂养艺术。

慢吞吞型

吃饭磨蹭，一顿饭超过半小时还没吃饱。且宝宝喜食稀、软、碎、烂的食物。

喂养建议：如果牙不好，治牙；如果鼻子堵，治鼻。耐心引导宝宝吃半固体、固体食物。不喝果汁、多吃水果；不吃肉丸、多吃肉丝，以训练咀嚼功能。

急脾气型

想吃就不能等，常用零食充饥。一顿饭，不到 10 分钟就“风卷残云”。

喂养建议：准时开饭，培养“慢食”的习惯，细嚼慢咽。不吃汤泡饭、水泡饭。定时、定量提供适宜的零食。

蔫有准型

偏食，爱吃的食物吃起来没个够，不爱吃的一口也不尝，不愿接受新食物。

喂养建议：父母不要当着孩子的面，提及他不爱吃什么，也就是不予“强化”。尽量拓宽食谱，常吃混搭菜（也就是把孩子不爱吃的菜混到爱吃的菜里去）。大人自己要“美美地吃”，边吃边说香，给孩子一个不挑食的榜样。

乖宝宝型

不挑食，给什么、给多少都全盘接受，常把小肚子撑圆。

喂养建议：鼓励宝宝说出自己的饥饱感受，吃多吃少让宝宝自己做主。另外，父母要注意监测宝宝的身高、体重，避免喂养出“小胖墩儿”。

人来疯型

亲友聚餐，人多热闹。在小朋友中间就数他闹得最疯，且吃没吃相。

喂养建议：平日培养就餐礼仪。聚餐前先打“预防针”——如果太“闹”，就马上回家。聚餐时允许玩，但是要吃饱了才可以下桌去玩。

心不在焉型

迷恋电子游戏，上了饭桌还玩，或边看电视边吃饭。

喂养建议：父母带头，专心吃饭，享受美食，吃饭的时候不开电视、不玩手机。宝宝若贪玩，吃几口就溜下桌，也绝不端着碗追着喂，并控制零食。如果宝宝玩着玩着饿了，坚决不给零食，让宝宝吸取教训，下次记住好好吃完饭再玩。

小可怜型

口含美食，久久不咽或舍不得吃，攥在手心里，藏在小口袋里。

喂养建议：父母需反思，是否宝宝缺乏安全感，比如大人因琐事经常争吵，且忘了按时开饭，让宝宝担心“吃了这顿没下顿”。

三招助宝宝爱上蔬菜

对付不爱吃蔬菜的宝宝，妈妈有时候可能会下死命令："夹三口菜，才能夹一口肉。"为了吃肉，宝宝只得吃蔬菜，但是心中郁闷不解：为什么大人"我吃什么我做主"，小孩就不行？

平心而论，宝宝没什么营养知识，觉得香就多吃，肉香就多吃肉。所以，要让宝宝多吃蔬菜，可以在"香"字上下些功夫。

第一招儿：饥

合理地吃零食，让宝宝带着饥饿感上桌。还有一点也很重要：不要一次性把食物全摆上餐桌，一道道地上，让第一道菜是蔬菜。

这第一道菜可以是蔬菜拼盘。比如：把生菜叶洗净，用沸水稍烫，铺在盘上。黄瓜洗净，切成片状，码一圈在生菜上，里圈码上切成月牙状的番茄片，上面点缀些沙拉酱。也可以是糖醋黄瓜、糖醋萝卜、糖醋莴笋，等等。

为什么让蔬菜打头阵呢？因为此时味蕾最敏感，第一盘菜自然最香，会被一抢而光。

第二招儿：混

让菜借肉香。包子、饺子、馄饨，凡是带馅的，菜与肉搭配做馅。

炒米饭，除了放鸡蛋，还可以加上蔬菜丁，五彩饭好看又好吃。

第三招儿：配

别忽略了早餐也要配些蔬菜。凉拌黄瓜、糖拌西红柿，配上牛奶、鸡蛋和主食，吃起来格外清爽。

午餐、晚餐多做"组合菜"。比如，改摊鸡蛋为西红柿炒鸡蛋，改卤猪肝为甜椒炒猪肝，改白斩鸡为黄瓜炒鸡丁……荤素搭配，相互借味，既香又不腻。

宝宝可以不馋洋快餐

偶尔，带宝宝吃一次洋快餐，不必为高脂肪、高热量纠结。但是，如果宝宝馋上这口，总吵着要吃，父母就必须当回事了。

父母肯花工夫“下厨”，提高厨艺

两口之家，可以不“开火”。但是有了宝宝以后，就应该“开火”，而且要不断改进厨艺，把搭配合理、营养丰富的各种美食摆上餐桌。让带着亲情、带着温馨的“妈妈的味道”，盖过炸薯条、炸鸡腿的味道。

宝宝“味觉正常”，不靠“重口味”刺激食欲

洋快餐属于“重口味”,油大、调味料多。对于“味觉迟钝”的宝宝来说,“重口味”可以刺激食欲，所以他们特馋这一口。宝宝为什么会“味觉迟钝”呢?主要原因和解决办法如下：

(1) 鼻塞，嗅觉失灵，殃及味觉——查鼻、治鼻。

(2) 上火，舌苔厚腻，味蕾难以感觉出味道——消食积、通便。

(3) 日常饮食肥甘厚腻,产生“味觉疲劳”,享受不了“淡中香”——荤素搭配，膳食中不缺新鲜蔬菜和水果。

宝宝消化正常，嗅觉、味觉正常，不靠“重口味”来下饭，就可能不那么馋洋快餐了。

也向“洋快餐”学点儿什么

想吃就能吃上，快；手拿食、夹着吃；吃自己的一份，没人在耳边唠叨吃菜还是吃肉等问题；就餐环境整洁。这些都是洋快餐能“拴住”宝宝的地方。所以，在家准时开饭，宝宝饿了就能吃上;隔三岔五也给宝宝吃一次“手拿食”;餐桌氛围轻松、愉快，父母别唠叨；就餐环境整洁、明亮。

抵制油炸美食的诱惑

油炸食品，香、酥、脆，确实好吃。但是从营养的角度，它们又被视为“垃圾食品”。

抵制它们，因为它们并不“营养”

维生素 B_1 被誉为“健脑维生素”。油炸的谷、薯类食品，比如炸油条、炸麻花、炸薯条等，食材中原有的维生素 B_1 损失殆尽。

炸食，用的油脂量远远超标

油炸美食的用油量远远超标，样样都是“热量炸弹”。热量过剩，脂肪堆积，虽胖不壮。且不谈肥胖给身心带来的种种伤害，仅谈一点：胖宝宝容易贫血。因为脂肪往皮下聚的同时，也往肝脏聚。肝脏本是贮存铁的“仓库”，进来了大量脂肪，铁无处容身，存不下铁，是贫血的重要诱因。贫血减少对大脑的供氧，智商减分。

所以，油炸美食，偶尔尝尝，如果次数太多，会对宝宝的健康有影响。

食序安排巧，宝宝消化吸收好

谷、蔬、果、肉四大类，谁先、谁后，有什么讲究？如何安排，才能让宝宝消化吸收得更好呢？每天三顿正餐，两次小吃，关系到宝宝的脾胃健康，且有日积月累的效果，必须注意。

水果“先行”，谷、肉“后到”

水果的主要成分是果糖、果胶和维生素 C，这些营养成分不需要在胃内进行消化，进入小肠就可以吸收利用，不占据正餐的胃容量。若饱食之后再吃水果，拥堵在胃，水果容易变质。而谷类富含淀粉和植物蛋白，肉类富含蛋白质和脂肪，都需要在胃内停留一段时间，被研磨，并与消化酶搅拌，进行胃内消化。所以，从“食序”上说，水果“先行”，谷、肉“后到”为宜。

几口高汤先开胃，小盘生蔬先垫底

高汤，溶在其中的氨基酸，使之鲜美，足以开胃。让宝宝先喝几口高汤，不必多，再吃别的，更有食欲。如果吃饱了再喝汤，冲淡胃酸，会对消化不利，且增添油脂，使热量过剩。不爱吃蔬菜，仿佛是宝宝的通病。所以，开饭时先上一小盘“拌生蔬”，此时味蕾敏感，且“饥不择食”，清淡爽口的蔬菜，顺畅入肚，轻松化解“吃蔬菜难”的问题。

主食和菜同时上，甜点不宜代替主食

“宝宝胃口小，先尽量吃肉”，这么想可不妥。以三四岁的宝宝为例，每天需要谷类三四两，才能满足大脑对能量的需求。所以，宝宝吃饭，可不能只上菜不上主食，或最后上甜点代替主食。甜点往往油大、糖多。油和糖都是纯热能食物。在热量已足时，再吃甜点，多余的热量化为脂肪，存入皮下，存入肝。实在馋甜食，偶尔安排在两餐之间吃吧。

评“老小一锅菜”

年轻的父母上班，家里主要由老人带孩子，容易饭烂点儿，菜碎点儿，“老小一锅菜”。但细想想，“老小一锅菜”，对孩子来说，难以享用到平衡的膳食。

“老小一锅菜”，易使宝宝从小“口重”

老年人味蕾萎缩，若再患有一些老年病，更会食之无味，要靠辣椒、盐、味精、鸡精、酱等来提味。而宝宝的味蕾敏感，对原汁原味的食物，就觉得挺香、挺鲜。

老人掌勺，容易让宝宝从小“口重”。

“老小一锅菜”，顾老难顾小

从食物的宜、忌上讲，老小有别。比如，老人若患有代谢性疾病，不宜吃动物内脏。但是，宝宝隔三岔五吃点肝，可以补铁；老人患有痛风病，不宜吃海鲜，对宝宝来说，海鲜是补锌的佳肴。

“老小一锅菜”，让宝宝难练“咀嚼”

老人、小孩虽然都是“牙少”，但需求不一样。老人牙口不好，需要吃不费牙的食物；宝宝正值牙齿发育阶段，需要吃些耐嚼的食物。

“老小一锅菜”，难有“新面孔”

老人的食谱相对固定，不需要常变花样，或品尝新的食物。宝宝则需要“开拓口味，品尝百味”。常变食谱不仅能提高宝宝吃饭的兴趣，还有利于形成“杂食”的饮食习惯。“老小一锅菜”，难免单调，甚至让宝宝偏食。

宝宝正值身心发育的时期，也是口味形成的关键期。父母不要轻易放弃给宝宝做饭的机会。再忙，也要常回家做做饭。

让宝宝爱上硬食，不难

宝宝已经两岁了，乳牙陆续出齐了。按理说，能吃些耐嚼的食物了。可是，有的宝宝就是不爱吃硬的食物。食物稍干、稍硬、稍粗，就会往外吐，依然总吃稀软碎烂的“婴儿饭”。出现这样的现象，主要原因在于咀嚼训练不到位。

吸吮是本能，咀嚼需要训练

宝宝生下来就会吸吮，吸吮是本能，是不用教、不用练的。而咀嚼是本事，是需要学、需要练的。随着宝宝乳牙的萌出，食物质地也该逐渐从泥糊状改为半固体、固体食物，餐具从奶瓶改为小勺和小碗。

告别“婴儿饭”，身心更健康

食物质地从流质、半流质，过渡到半固体、固体，才能保证“营养密度”，适应宝宝生长发育的需要。同时，随着食物质地的变化，宝宝经常咀嚼，也有助于乳牙的健康。另外，宝宝上了幼儿园，会吃饭，不是“漏嘴巴”，就能经常被老师夸奖，也就更容易爱上幼儿园。

让宝宝爱上硬食，妈妈有妙招

准备“手拿食”。即黄瓜条、苹果条和烤面包条等，让宝宝自己拿着吃，既让他感兴趣，又练习了细嚼慢咽。

做好干稀搭配。每顿饭要做到有干有稀、有软有硬。尤其是老人带宝宝时，提醒老人别总是“老小一锅粥”，不妨单给宝宝做点干的食物。

少用“食物搅拌机”“榨汁机”等。让宝宝多吃水果，少喝果汁；多吃肉末，少吃肉泥等。宝宝有牙就得用，父母要注意“用进废退”的道理。

不要“因噎废食”。宝宝初尝硬食，有点噎，很正常，别认定宝宝天生嗓子眼儿小。硬食的量可以从少到多，多试几次。

培养“慢食”习惯，拒绝“磨蹭”

从小培养宝宝细嚼慢咽的好习惯，有益于宝宝的健康。

“慢食”是完成“口腔内消化”的保证

口腔内消化是消化流水线的起点，关系重大。而口腔内消化的前提是细嚼慢咽。口腔中的唾液与食材混合，使淀粉完成初步消化，并滋润食物便于下咽。牙齿切、撕、磨，使食材变细碎，入胃后能充分接触消化液。“慢食”还有助于防扎、防呛、防噎。

培养“慢食”习惯，关键在大人

吃饭时不要催。“催饭”最容易发生在早餐时间。比如，头天晚上宝宝没按时入睡，或是睡眠中受了干扰，到了早上不能自然醒来。父母为了上班实在不能再等了，叫醒宝宝，端上早餐，不停地催：“快点，快点，来不及啦！”归根结底，睡眠的规律不被打乱，早餐才吃得从容。

能够“慢食”，关键在宝宝

要能细嚼慢咽，除了“口腔健康”之外（比如没有口疮，敢多嚼；不上火，味蕾没有被厚腻的舌苔盖住，食之有味），最重要的是鼻子通气。鼻塞，靠张口呼吸。一张嘴巴，顾得上喘气，就顾不上细嚼慢咽，只能“囫囵吞枣”。如果宝宝较长时间鼻塞，一定要去耳鼻喉科查明原因，进行根治。

“慢食”也有时间限制，拒绝磨蹭

一顿饭，半个小时左右，既从容又不会拖得太长。宝宝吃饭磨蹭，主要是因为边吃边玩，分心。大人的“身教”重于“言教”。开饭了，关掉电视，不玩手机，不打电话，专心享受食物。

饮食自护——吃的“基本功”

由于一时疏忽或无知，宝宝因“吃”而受伤的事，时有发生。防烫、防呛、防噎、防戳、防扎、防过敏和防中毒，这些都是宝宝应该掌握的饮食自护能力，也是安全的“基本功”。

防烫

要指导宝宝喝水前先用手指轻轻摸摸杯子，不烫手再喝；喝汤时要先等汤的热气下去，再用勺舀一点尝尝温度，不烫嘴才能喝；刚出锅的油炸食品、鸡蛋羹、热豆腐等，要晾一晾，且吃前先吹一吹，小口尝试温度，不要上来就吃一大口。

防呛

呛是指食物误入气管。如果边吃边嬉笑打闹，食物会很容易滑入气管。所以要看好宝宝，让宝宝吃东西时要专心，不可边吃边玩。

防噎

噎是指食物堵在食管里或在咽喉处，上不来也下不去。常发生于大口吞食年糕、粽子、果冻、香蕉等黏、滑食物的时候。如果一大团东西卡在食管里，食管的前方是气管，气管受压，呼吸困难，险象顿生。让宝宝小口吃、慢慢咽，可以防噎。

防戳

吃羊肉串、糖葫芦等食物时，教宝宝横着咬，吃的时候别被人碰到手，以防戳着嗓子。在人多拥挤的地方，别让宝宝忙着吃，安全第一。还有一种情况，别让宝宝把筷子放在嘴里叼着，那样既不雅观又很危险。

防扎

在宝宝 3 岁前，鱼去刺、肉去骨、枣去核。在宝宝 3 岁后要教他吐刺、吐核、吐骨。提醒孩子要等嘴里含着的饭菜咽下后再吃鱼。单吃鱼，可以防被鱼刺卡到。

防过敏

如果宝宝是过敏体质，要时时叮嘱宝宝不要随便吃外人给的食物，不要自己买零食吃。如果是对花生过敏，许多糕点、冰糕等都含有花生的成分。要把该“忌口”的食物跟宝宝说清楚。

防中毒

不把花花草草叼在嘴里，也别叼铅笔。教会宝宝通过闻、看、摸辨别食物是否腐败变质。最好教宝宝学会看食品保质期和出厂日期。即使现在不会看，也要知道买食品时看保质期和出厂日期是必需的程序，长大后要学会看。

给宝宝的零食把把关

给宝宝吃的零食记笔账

宝宝吃饭不香，又查不出什么毛病来，很可能是零食吃多了。和家人一起仔细回忆一下，记录出昨天从早到晚，在三顿正餐之外，宝宝所有的吃和喝（白开水除外）。记录最好归入三项：

⑴ 什么目的。

通过这项统计，可以看出零食被派了什么用场。是“营养目的”，还是“非营养目的”。前者是用零食来补充正餐的不足；后者用场就多了：堵上嘴，别闹；听话的奖励；因为看到别的孩子吃……

⑵ 什么时间。

记下每次吃零食的时间，再记下正餐的时间。通过这么一记录，就可以看出正餐和零食之间的“时间差”是否合理。

⑶ 吃了什么。

把零食按照甜食（如糖果、饼干、冰激凌、甜饮料等）、高蛋白食物（牛奶、酸奶、烤鱼片、煮鸡蛋等）、高脂肪食物（炸薯条、炸土豆片等）和水果，分着记。

也许不记不知道，一记吓一跳。一天里，宝宝零零碎碎入肚的东西还真不少。也许还会发现，零食被派的用场大多是哄孩子别闹。至于时间差，几乎宝宝的胃就没有排空过，个把小时就有零食进肚。

巧吃零食

断奶以后，宝宝在三顿正餐之外，应该吃两顿零食。重要的是：零食不零吃。

上午 10 点左右、下午 3 点左右，距离正餐要有两个小时左右，给些零食，而不是把零食放在小桌上，任其自取，或随要随给。

吃什么，也要有个安排。重要的是：补充正餐的不足。

如果宝宝每顿饭都能好好吃，三餐之外不太饿，零食则以低脂肪、低热量为主，着重补充维生素和无机盐，如吃半个苹果、一个橘子、几片西红柿。如果宝宝平时饭量小，饿得快，着重补充热量，如红小豆粥、小包子。如果正餐清淡，零食可用来补充蛋白质，如煮蚕豆、酸奶。如果宝宝缺铁、缺锌，零食可用于食补，选含上述微量元素丰富的食材，制成小食品，量不宜多。比如，几片卤肝补铁，一条小酥鱼补锌。

至于把零食用于“非营养目的”，则越少越好。用于奖励，偶尔一用也无妨，但常用不妥。用于哄孩子也不合适。随着宝宝渐渐长大，要让他们有的可玩，玩得新鲜，玩中增智。儿童的天地，远不是吃食所能填充的。

控制好宝宝的零食，让宝宝既有正常的饥饿感，营养又能得到补充。

慎选零食

适当吃零食可以给孩子补充营养。然而，父母在选购零食时，必须把好关。有些零食可以适当吃一吃，但有的则尽量少往家里买。

可以适当吃的零食

谷物、豆类：煮玉米、燕麦片、全麦饼干、绿豆粥、红小豆粥等。量不用多，加在两餐之间，就能给大脑补充能源，使宝宝精神起来。

蔬菜、水果类：洗净的西红柿、黄瓜、苹果、圣女果、梨、柑橘、葡萄等。蔬菜、水果可以补充维生素C、果胶，且能较快地通过胃，给正餐腾地方。

坚果、干果类：杏仁、腰果、花生、开心果、生核桃仁、葡萄干等。不过购买坚果时，选择原味的更好。

动物性食品类：牛奶、酸奶、煮鸡蛋、虾肉馄饨等。动物性食品可补充优质蛋白质和钙。

当然，即使是合适的零食，也不能敞开吃，想吃就吃。要定点、定量，零食不零吃。

少往家里买的零食

“甜蜜蜜”：蜜饯、果脯、奶糖、甜饮料等。原因是高糖。

“酥脆脆”：炸鸡腿、炸薯片、酥皮点心等。原因是高脂。

“盐多多”：膨化食品、方便面、肉脯、鱼片、盐焗腰果等。原因是高钠。

甜食，给还是不给

不给，因为与“甜”如影随形的是龋齿、肥胖等；给，因为宝宝胃口小却活泼好动，容易饿。甜食提供能量快。

再说了，喜甜是天性，没有糖果的童年，也少了很多色彩吧？

当然，还有一种办法：和甜食既不说再见，也不过分亲密。这办法不错，但还需要一些配合措施。

定时、定量地给

不把糖果、甜点摆在宝宝眼前。在上午 10 点左右、下午 3 点左右，作为零食中的一种，限量提供。想多要，没有。哭闹也没用。宝宝没了指望，会尽量延长享用时间。

享受淡淡的甜

教会宝宝吃馒头时多嚼一会儿，会尝出有点儿甜；吃水果，享受水果的甜；南瓜、红薯、鲜玉米等，也有甜味。会享受食物中淡淡的甜，则不会出现“味觉疲劳”，稍有些甜，就能满足。

慎选强化物

嘉奖宝宝的好行为，可以用多种多样的方式，最好不用糖果、甜食为“强化物”。夸奖、给小贴纸（积到一定数量，还可换更好的书、玩具等），或是去一次宝宝渴望去的地方玩玩，都比给甜食、糖果强。

宝宝吃水果三大误区

误区一：用水果代替蔬菜

《皇帝内经》提出："五果为助""五菜为充"，果与菜，各有各的用处。现代营养学则用一系列的研究证实：水果、蔬菜不宜互相替代。水果含水分、糖分多，且维生素 C 的吸收利用率高。蔬菜含无机盐和膳食纤维更为丰富。3~6 岁的宝宝，150~300 克的水果，200~250 克的蔬菜，为每日适宜用量。

误区二：用喝果汁代替吃水果

买来的"纯果汁"，缺少了果胶，且加工与储存过程中维生素 C 有损失。用榨汁机在家自己榨果汁，因为"榨"破坏了水果细胞的完整性，使维生素 C 暴露在空气中，也会有损失。所以，吃鲜水果比喝果汁强。另外，咀嚼的过程对宝宝的生长发育有很重要的意义。

误区三：用果冻、果脯代替鲜果

果冻，虽冠以"果"字，但它的成分主要是琼脂、蔗糖和水果香精、色素，并没有鲜果的营养价值。果脯虽用鲜果制成，但是经过加工，钠多了，糖多了，维生素 C 少了。以山楂为例：100 克鲜山楂，有 53 毫克维生素 C，5.4 毫克钠；做成果丹皮，维生素 C 为 3 毫克，钠为 115.5 毫克。

小贴士

食疗要选对水果的"个性"

按中医的理论，人体有虚实寒热之分，致病因素有风、寒、暑、温、燥、火之别。水果用于食疗，要顾及水果的"个性"，即属凉、属温还是属热。如风热感冒引起的咳嗽，宜用梨做食疗（梨为凉性）。容易上火的宝宝，少吃荔枝、桂圆、樱桃、杏等性温、热的水果。

一不留神，带出个胖宝宝

往娃娃们扎堆儿的地方扫一眼，总能见到几个胖嘟嘟的宝宝。胖宝宝们的家长说："一不留神，宝宝就超重了。"其实关系胖瘦的，主要是两个字："吃"和"动"。超重，离不开多吃、少动，其原因如下。

饿不饿，都让嘴不闲着

如果家长习惯用零食哄宝宝，零食便成了宝宝解闷儿、得到安慰的工具。于是，宝宝的嘴总不闲着。"一不留神"，零零碎碎摄入的热量可观。

饱不饱，都"再吃几口"

人体有控制饥饱的中枢，"饥则取，饱则止"。可是有些家长就是不放心，宝宝说饱了，还总要鼓励他"再吃几口"，逐渐成为"定式"，非要吃到"撑了"，才让下桌。如果每顿都多吃两口米饭（以 10 克计算），一年下来，"一不留神"，因为这"两口"就多吃进了大约 22 斤米饭，好几大盆啊！

累不累，都"歪着躺着"

如果上下楼乘电梯，出门坐车，到家就在沙发里边吃零食边看电视，"一不留神"，体内的脂肪细胞就都被养得"肥头大耳"的。要宝宝多运动，父母首先要树立好榜样。

胖不胖，都"看着顺眼"

自己的孩子，怎么看都顺眼。判断宝宝的生长发育是否正常，不能凭感觉，要靠监测。对照保健部门提供的"年龄别身高""年龄别体重""身高别体重"进行考量。特别是"身高别体重"，能反映体型是否匀称。有偏离，立即找出育儿中的问题加以纠正，就不会"一不留神"带出个胖宝宝了。

素食家庭如何让宝宝“吃好”

当“穿要布，吃要素”成为一种时尚，宝宝怎么吃才更受益，确实值得想想，因为宝宝正值“生机勃勃，发育迅速”的年龄段，“吃好”非常重要。素食的家庭，也会有区别，让我们列出几种情况，在让宝宝“吃好”上给父母出出主意。

情况一：父母素食，给宝宝单做不忌荤

宝宝的菜仍荤素搭配，若能达到“学龄前（3~6岁）平衡膳食宝塔”提出的动物性食品的量，最为理想。比如，每天1个蛋，2两肉左右。鱼、虾、禽类占得多些，畜肉占得少些。优质蛋白质，易吸收的铁、锌、钙、维生素A、维生素B_{12}等，就基本上不缺了。

情况二：父母素食，不忌奶、蛋，全家一致

宝宝的膳食中有奶有蛋，优质蛋白质和钙基本上有了保障，但是要注意补充铁。因为乳类含铁甚微，蛋类也不是富铁的食材。在配膳中，要多选用含铁丰富的食材，如黑木耳、芝麻酱、海带、紫菜等。同时，为了帮助铁的吸收利用，膳食中要有富含维生素C的蔬、果，比如甜椒、草莓、柠檬、猕猴桃、柚子等。

情况三：父母严格素食，全家一致

严格素食的膳食结构，需注意几点来提升宝宝的膳食质量：利用蛋白质互补作用，提升植物蛋白的营养价值。比如，谷加豆，做主食。谷类所缺的赖氨酸由豆类补充，使制成的混合主食升值；利用坚果，补充脂类、锌、铁。坚果富含不饱和脂肪酸、锌、铁。比如，直接吃些坚果或把坚果压碎放在粥、菜里；利用菌藻类，补充维生素B_{12}、锌、铁。汤品中放菌藻，不仅提鲜，还可以获取因忌荤所缺的一些营养素；利用蔬菜、水果，补充胡萝卜素。多吃深绿色、黄色、红色的蔬果，获取胡萝卜素（维生素A原）；晒太阳，获取维生素D。

熟悉的口味，陌生的名字

说它是“脂肪”——脂肪家族中原本没有它

有一种被称为“植物奶油”的食品，它的口味可以和奶油、黄油媲美，用它制作出来的食品又酥又脆，是不少人喜爱的“美食”。然而，它从哪里来？是植物油和奶油掺和成的吗？不是。它是人工造的“反式脂肪酸”，是把植物油“氢化”处理，使饱和脂肪酸增多，由液态变成半固态，用它代替奶油、黄油，成本低，口味却不变。

它出身于“植物油”——却不带一点“植物油”的优点

如今，人们很少用猪油、牛油、羊油来炒菜了，带白膘的肥肉也很少有人光顾。因为人们知道动物油含的饱和脂肪酸多，是脂肪中的“坏分子”，常吃它不利于心血管的健康。烹调用油人们选择植物油，特别是橄榄油等。然而“反式脂肪酸”对心血管的危害比起猪油、牛油、羊油，有过之而无不及。

原本是“反式脂肪酸”——化名何其多

自“反式脂肪酸”被生产出来用于食品加工，它的化名何其多，如“麦淇淋”“植物奶油”“人造黄油”“氢化油”“起酥油”，等等。用它加工出来的“美食”，更成了宝宝们的所爱：奶油蛋糕、“派”、曲奇饼干，以及又酥又脆的炸薯条、炸鸡腿、印度抛饼，等等。

如果宝宝能正正经经吃饭，饮食结构合理、平衡，偶尔吃些这类食品也无大碍。如果宝宝离不开用“反式脂肪酸”加工出来的各种“美食”，一天不见就想，就真得改变一下宝宝的口味了。

偏饮，让宝宝很受伤

偏食，不利于宝宝的健康，这一点大家都知道。偏饮，也不利于宝宝的健康，却未能引起一些家长的足够重视。幼儿新陈代谢旺盛，对水的需要量也相对较多。3~7 岁的宝宝，每天除了饭菜中的水分，还需要喝 1000~1200 毫升的水，才能满足代谢的需要。而最适合身体需要的水，是白开水。有的宝宝偏饮，没甜味的不喝，不带“汽儿”的不喝，甜饮料、碳酸饮料成了宝宝解渴的主打饮品。长期偏饮，有损健康。

干扰了“平衡膳食”

甜饮料中的蔗糖，有提升血糖的作用，可谓“立竿见影”。血糖达到一定浓度，“饱中枢”开始起作用。故甜饮料喝多了，饭前没有饥饿感，不能正正经经吃饭，谈不上“平衡膳食”。

滋养了“致龋细菌”

在口腔的牙菌斑里聚集着变形杆菌等“致龋细菌”。甜饮料，为它们送出给养。致龋菌产生酸，酸腐蚀牙齿，使牙齿成为龋齿。

摄入了“额外热量”

甜饮料，在把水送入体内的同时，还送入纯热量食物——蔗糖。通过吃饭，热量已足，额外摄入的热量被转化成脂肪。如今的胖宝宝有一部分是“喝胖的”。

促使了“骨骼脱钙”

碳酸饮料中含有的碳酸、磷酸等物质，可以使骨骼里的钙溜出来，影响骨骼的坚硬度，容易出现骨折。骨骼脱钙，还会影响身高的增长，即“喝矬了”。

运动饮料不能当水喝

运动饮料是随着体育运动的发展而出现的一种保健性饮品，也称糖、电解质饮料。尽管国内外的运动饮料品牌挺多，但从主要的成分上看，都含有糖、钠、钾、氯等成分。因为运动消耗大量能量，需要补充糖。出汗除了丢失水分，还丢失了一些溶质，如钠、氯等，所以要补充水分以及钠、氯等电解质。白开水、果汁饮料、碳酸饮料等都不具有以上的保健作用。

孩子喝上瘾，源于运动饮料的口味

配制运动饮料，并非水中加糖、加盐，配成“糖盐水”那么简单。为了让运动员喜欢喝，厂家在口味上做足了文章，例如“柠檬味”“橙味”等，孩子们一旦尝过这些口味，就可能喝上瘾，不再接纳白开水。

为什么运动饮料不能当水喝

摄取过多电解质。对于孩子来说，即使跑跑跳跳，出点汗，时间不长，运动量有限，没必要喝运动饮料。以运动饮料代替水，摄取过多的电解质会加重心、肾的负担。

喝进二两白米饭。 不少家长给孩子买运动饮料，喝一瓶 450 毫升的饮料，摄入的热量约为 120 千卡，相当于二两大米饭的热量。没吃胖，却喝胖了。

喝进半块酱豆腐。仍以一瓶运动饮料为例，一瓶含钠 108 毫克，相当于半块酱豆腐（5 克的白腐乳）的含量。

吃出好睡眠，睡出好食欲

吃得不对，难以入睡；睡得不好，难有食欲。那么，如何让宝宝吃出好睡眠，睡出好食欲呢？

晚饭吃太少或吃太多，都难以“舒坦一宿儿”

有句老话，“少吃一口，舒坦一宿儿”。但是对于宝宝来说，吃太少或吃太多都睡不踏实。一般情况下，宝宝傍晚六点钟左右就吃晚饭了，在幼儿园吃晚饭就更早。如果宝宝半夜饿醒了，要吃要喝，睡眠就被中断。但是晚饭也别吃撑，特别是那些随着父母的时间点吃晚饭（例如晚上 7 点左右甚至更晚）的孩子，入睡时，胃还在忙活着，也干扰睡眠。

所以，要根据宝宝的具体作息情况，具体安排晚饭的量，晚饭要吃饱，吃容易消化的食物，但也别吃撑着。

缺少“助眠营养素”，可能会“闹觉”

有些营养素在调节大脑的兴奋与抑制过程中，发挥着重要作用：白天该兴奋时有精神，夜晚该入睡时，闭上眼即入梦乡。

助眠营养素中，最为给力的是色氨酸、维生素 B_1 和钙。粗粮、杂豆和坚果富含色氨酸和维生素 B_1。晚饭，喝一小碗杂豆小米粥，上面撒点坚果碎，或是睡前喝一小杯牛奶（富含钙）都有助眠作用。

应有的警觉：食物过敏可“闹觉”

食物过敏，有的症状明显，出现腹痛、皮肤痒、起荨麻疹等；有的症状隐蔽，可能只表现为睡眠不安。比如，妈妈从网上学会了做菠萝鸡块，晚饭时大家尽享美食，当晚平安无事。过了两天，又吃了一回，宝宝上床后来回“折腾”，难以入睡。往后，每次享用此美食，宝宝都“闹觉”，终于在医院查出原因，

宝宝是对菠萝过敏。

按时入睡，才能吃好早饭

有的父母每天到家就挺晚了（可能已过宝宝睡觉时间），却总要和宝宝亲热一会儿，逗宝宝玩一会儿，宝宝也不肯早睡，等着父母回来。

宝宝睡得晚，到了早上该起床的时候还在熟睡。父母没办法，只好把宝宝推醒、喊醒或用闹钟吵醒。宝宝不能自然醒，而是被冷不丁惊醒，哪会有好情绪？就像俗话说的带着“起床气儿”。没有好情绪，自然就谈不上吃好早饭了。而早饭是一天中极为重要的一顿饭。

当孩子出现“饮食行为偏异”

如果受过严重的心理创伤，在日后相当长的一段时间里，有些孩子会出现“饮食行为偏异”的现象。如果听之任之，日久营养失衡，体弱多病。如果强行纠偏，不仅无效，还会使已经受伤的心再度受伤。

“饮食行为偏异”的常见表现形式

“变小”。比如，四五岁的孩子，喝水、喝奶，不肯用杯、用碗，非要用奶瓶吸吮；早就会自己吃饭了，却非要大人喂；乳牙早出齐了，非要吃泥糊状的“婴儿饭”。

贪食。不停地找东西吃，一旦发现，马上塞进嘴里。吃饭时食量惊人，撑得吐了，还满足不了食欲。

偏执。只吃某种固定的食物，不让吃就情绪失控。举一实例：在一场灾难中，与小姑娘相依为命的奶奶走了。头天晚上，一老一小吃的是炸酱面。从此，一日三餐，小姑娘只肯吃炸酱面，拒绝吃别的东西。

宜疏不宜堵，耐心加技巧

无论“饮食行为偏异”的表现是什么，都是心理障碍的折射。最有效的处方是“爱”，纠偏宜疏不宜堵。

比如，对只吃炸酱面的小姑娘，不应该说“炸酱面有什么好吃的，再吃身体就坏了”。这样说，小姑娘会认为这是说奶奶的坏话，情绪上更为抵触。应该尽量按照奶奶生前的习惯，变着花样，把孩子熟悉的、吃惯的饭菜摆上桌，渐渐地“炸酱面”会自然淡出。

要让贪食的孩子想不起吃来，最有效的方法是游戏。追逐打闹，痛快地发泄，不再靠吃东西发泄心中的郁闷。

对于“变小”的孩子，多给予拥抱、爱抚。常请几位同龄的小朋友来“陪吃”“陪喝”。自尊心会使“变小”的孩子，重新长大。

还有一点很重要，大人别有焦急的情绪，要表面上不动声色，暗中加强疏导。

过节保“胃”战

年关的时候，儿科白衣战士必会严阵以待，准备招架一场接一场的保“胃”战。要论现在孩子们胃里装的东西,和过去相比,称得上是天天过年了。保“胃”战已然成为持久战,只不过到了年关更加激烈罢了。宝宝的胃为什么会出问题?

很多时候问题出在家长对胃病不设防的心理。和妈妈们聊天，聊到孩子的胃，不少妈妈们的说法是:孩子的胃得靠“撑”，不撑大了，没胃口;孩子才多大，怎么会得胃病；没听说过胃病还会传染……

可是，从儿科医生那里传来的“战况”是：小孩子得胃病的并不少见，且多与三个字——“撑”“传”“逗”有关。

“撑”出来的胃病

“胃，不撑大不了”，不少人相信这句话，并在生活中付诸实施。比如，本来母乳挺足，可总觉得稀，宝宝才两三个月就给加糊糊，以加大“撑”的力度，要不干脆就喂配方奶粉，吃进多少看得清楚。并且吃饱了犯困可不行，揪耳朵、挠脚心，非达到“理想”的摄入量不可。宝宝上桌吃饭了，威逼、利诱，非得把小肚子撑得滚圆才罢。赶上年节,更是把好吃的、好喝的使劲地往宝宝的胃里塞、灌。

结果呢？“撑”出了“胃动力失常”。宝宝饭没吃几口却总饱着，还不时漾出点酸酸的胃内容物。俗话说是“胃不动了”，成了“懒胃”。那什么是“胃动力”呢？胃动力就是通过胃的蠕动，把经过初步消化的食糜送入肠道的力量。“胃动力失常”，胃内容物滞留在胃里，难怪宝宝会总饱着，没胃口了呢。

其实,从小到大,不用“撑”,胃容量也会随着身体的发育逐渐扩大。善待胃,应该“饥饱适度”。

“传”上的胃病

有一种细菌，经口进入人体后就“定居”在胃的幽门附近，细菌的外形呈螺旋状，因此就叫“幽门螺杆菌”，它可以引起慢性胃炎和消化性溃疡。

比如，怕宝宝嚼不烂食物，大人尤其是老人就嚼食喂孩子；一家人吃饭，没有公筷、公勺，也不分餐，你一筷子他一勺，给宝宝添菜；一瓶饮料，大人就着瓶口喝完，孩子接着喝。幽门螺杆菌就可借着唾液进入宝宝体内。

善待胃，应该实行分餐制，或至少有公筷、公勺。

“逗”出来的胃病

逢年过节大人饮酒助兴，是人之常情。然而，“逗”孩子尝酒，绝非是乐。

稚嫩的胃，经不住酒精的刺激；稚嫩的肝脏，不堪解酒毒的重负；正在发育中的大脑，因为酒的影响出现功能紊乱。而且“少小始饮酒，长大成酒徒”的可能性更大。

善待胃，让儿童远离酒。

在家吃喝也该有规矩

孩子在家吃饭，和在幼儿园吃饭，最大的区别，恐怕就是“规矩”这俩字了。

在家，边吃边玩；在园，吃饭专心

在家，边吃边玩，且不说容易呛着、噎着或戳着，单说“消化”就打了折扣。光想着玩，消化酶怎能分泌旺盛？

在园，坐在小桌旁，值日生一发碗勺，小朋友的口水已经多了，不仅消化得好，还不噎不呛。

在家，零食多，饭前不觉得饿；在园，按时吃点心，不影响正餐

在家，吃零食不受限制，想吃就吃，胃总不能排空，饭前没有饥饿感。而且宝宝心中有底：不好好吃饭，饿不着，有零食在。

在园，上午 10 点左右、下午 3 点左右，吃“点心”，既补充营养、解了馋，又“点到即止”，不影响吃好正餐。

在家，等着喂，消极被动；在园，自己吃，积极主动

在一些父母眼里，宝宝永远“小”，不喂吃不饱。

在园，小朋友用勺自己吃，先舀一口饭，还是先夹一口菜，自己做主，心情愉悦，食欲好。

在家，用奶瓶喝水，总长不大；在园，用杯子喝水，咱有本事

按说到了两岁，真该和奶瓶说再见了。可是有父母惯着，总不想长大，一直用奶瓶喝，似乎还是小宝宝。

在园，每个小朋友都有自己的杯子，自己喝，既卫生又长本事。

上小学前的必修课——吃好早餐

孩子上小学之前，一定要让他养成好好吃早餐的习惯，而且要习惯于吃营养搭配合理的“套餐”。如果能做到这一点，那么，当孩子兴奋地穿上新衣服，背着新书包，坐到教室里时，就能坐得住，听得进，好心情能维持一整天。如果孩子没有正正经经吃早餐的习惯，刚上两节课他就会饥肠辘辘，坐不住了。心不专，听不进课，好心情也一落千丈。为什么呢？因为大脑没“吃饱，吃好”，消极怠工了。

早餐，唤醒“记忆中枢”

与记忆有关的中枢在大脑的“海马回”。从头天的晚饭到第二天早餐前有 12 个小时左右，在低血糖的状态下，“海马回”处于抑制之中。早餐使血糖升高，脑脊液内的葡萄糖浓度也回升。这就唤醒了“海马回”，打开了记忆的闸门。

科学家有关“早餐与行为”的研究表明，能吃好早餐的孩子，记忆力、思维能力都优于不吃早餐或马马虎虎吃一点食物的孩子。

早餐，应吃得从容

叫醒宝宝已经是拖到“最后一分钟”了。宝宝迷迷瞪瞪，机械地吃上几口，就得赶紧出门。

解决的办法是：头天早睡一刻钟，当天早起一刻钟，让宝宝从迷迷瞪瞪过渡到完全清醒后，再享用早餐。完全清醒了，嗅觉、味觉才灵敏。更何况如果没睡够，一睁眼就有“下床气儿”，犯脾气，何谈“享用”二字？

早餐，应营养均衡

一杯牛奶、一个鸡蛋；一碗豆腐脑，一根油条；甚至一碗方便面……是最常见的早餐了。然而，这些都不是合理的“套餐”，都不能使大脑“吃饱、吃好”。

早餐应该是营养均衡的一餐，最好包括四类食物：

谷类及薯类，如面包、馒头、面条、粥（粗粮、细粮、红薯）等，为大脑提供能源。不宜吃炸春卷等油腻的食物。乳类及豆制品，如一杯牛奶。求其次，一碗豆浆或一碗豆腐脑，提供钙和优质蛋白质。动物性食品，如煮鸡蛋、酱牛肉、小酥鱼等，提供优质蛋白质和铁。蔬菜水果，如拌小菜（黄瓜、莴笋、西红柿），水果沙拉等，提供维生素 C 和膳食纤维。

早餐，应全家一起享用

宝宝需要享用早餐，家长何尝不是？如果早上的时间紧巴巴的，大人只顾催宝宝快吃，自己往包里塞面包、早餐奶甚至方便面，以方便赶路时或到单位吃。那么，家长的行为就在告诉宝宝：早餐，可以马马虎虎。所以，家长最好还是安排好时间，坐下来和宝宝一起享用早餐吧。

早餐，没有“假期”

一放假，似乎饮食就可以没规律了。大人睡懒觉，早餐免了，宝宝自己找零食充饥，找到什么算什么。一年的节日加上周末，假日何其多。吃好早餐的行为，如果断断续续，也无法形成习惯。

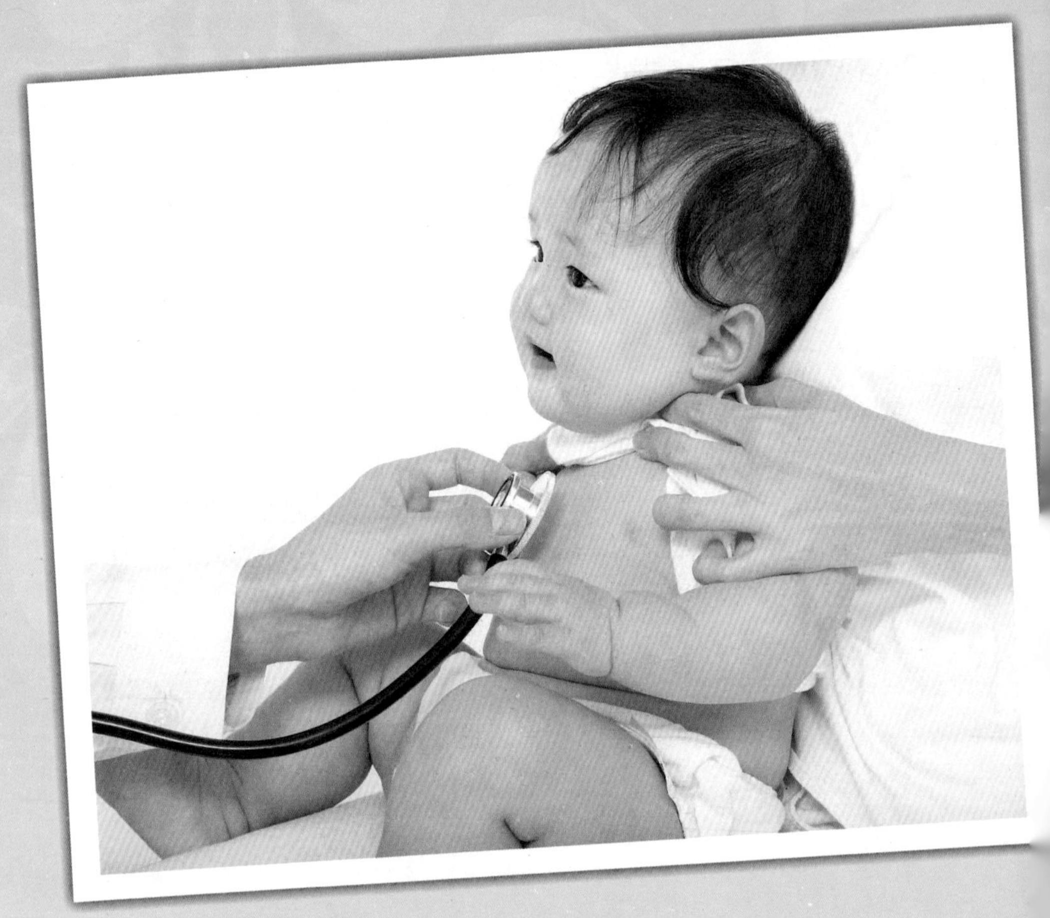

第三部分
常见疾病

宝宝生病，最让人忧心。我们可以试着建立一个宝宝健康保护体系：了解一些常见疾病，学习一些预防措施，知道一些疾病的早期征兆，懂得宝宝疾病期间如何护理……做到心中有数，帮助宝宝健健康康长大。

一起来详细了解各种细节。

第一章 感 冒

感冒“事小”，护理“事大”

感冒算不上大病，但护理是大事。护理到位，可以让宝宝舒服些，可以缩短病程，还可以减少肺炎、心肌炎等并发症的发生概率。以下细节很重要。

一个体温计

半夜，宝宝烦躁哭闹，一摸手心有点热，赶紧去找退烧药。但仅靠“摸”来判断发不发烧，不妥。有时，在体温骤升之际，末梢循环不好，手心反而发凉。要用体温计量体温，看看到底是低热、中度热还是高热。

两块小毛巾

宝宝体温超过 38.5℃时，可以用冷敷前额的方法来降温。将两块小毛巾浸在冷水中，取出一块拧至不滴水（避免水流入外耳道），每 3~5 分钟换一次。如果宝宝觉得舒服，就多冷敷几回。如果觉得不舒服，脸色发灰，就别再冷敷。

吐后“三不要”

感冒常引起呕吐，把胃里的“停食”吐净，就舒服了。但是大人要记得吐后有“三不要”：

(1) 不要因为怕再吐，而不敢让喝水。水是治感冒的良药，一次抿几口。先是温开水，慢慢改为在水里兑些鲜果汁或米汤之类。

(2) 吐后不要强吃，让胃休息，可以避免再次恶心呕吐。半天、一天少吃无妨。

(3) 吐后觉得胃舒服了，宝宝想睡，就不要打扰他的睡眠。睡眠可减少消耗，积攒抗病力。

冷暖“四注意”

(1) 注意换新鲜空气。大人，尤其是老人，一般见宝宝发烧了就赶紧关窗，怕风吹着。但是，感冒使宝宝的抵抗力下降，空气污浊对康复极为不利。

(2) 不要特意“捂汗”。大人感冒了，吃碗汤面，盖上厚被捂捂汗，烧可能就退了。宝宝不行，他们的体温调节机制还不完善，多穿多盖，体热发散不出来，可能体温不降反升。

(3) 也不要特意“晾一晾”。为降体温，减衣、减被要适度。因为体温骤升之际，末梢循环不好，宝宝会觉得冷。此时“晾一晾”会使宝宝打寒战，很难受，适度保暖会舒服些。待体温升至一定高度，小脸通红了，适当宽衣解带，有利于降低体温。

(4) 不要总抱着、搂着孩子。身体贴身子，等于给宝宝“热敷”。让宝宝自己躺着，四肢伸展，这样最易散热。大人只需陪伴在旁，不时帮宝宝翻翻身（对预防肺炎有效）。

五个警戒点

除了发烧，有以下情况之一（或更多），要及时就医。

(1) 精神极差。频繁呕吐，且呈喷射状（没感到恶心就喷吐出来）。

(2) 水泻不止，口干、尿少。大便为黏液便、脓血便。

(3) 过去有热痉挛病史。

(4) 呼吸急促，时有憋气现象。

(5) 皮肤上有出血点且按压不褪色。

就医六件事

(1) 以往有热痉挛病史，在就医前可按医嘱服一次退热药，以防中途发病。

(2) 就近就医。大医院的病人多、病种杂，“交叉感染”的机会多。

(3) 途中，注意宝宝的状况变化，特别是脸色。

(4) 若腹泻，取一点有黏液的粪便，放在一次性纸杯中，带到医院，可节省化验所需的时间。

(5) 把宝宝既往的病史和这次的症状，打好“腹稿”，使医生在很短的时间内就了解病情。

(6) 冬天就医途中要注意保暖。但千万不要为图保暖，盖住宝宝头部，防止发生意外窒息。

小贴士

降体温，必须要降到正常吗

看着宝宝的脸烧得通红，妈妈心疼极了。服药、冷敷，降温是头等大事。做完降温工作，一看还是38℃，不行，再加半片药。降至正常，心里才踏实。

殊不知，普通的感冒也要有两三天才能不发烧。上午烧退了，傍晚体温又升到39℃多了。若每次非要降至37℃左右，不久又大幅上升，体温大起大落，孩子很容易虚脱。

采取降温措施后，能降到38℃就可以了。宝宝头痛减轻，舒服些，能吃点，能睡熟。38℃，病毒停止繁殖，38℃，自身抗体也被调动起来，病情会向康复平稳过渡。

哪些疾病经常发生在“感冒”之后

在婴幼儿时期，以下四种疾病经常发生在“感冒”之后。

一过性髋关节滑膜炎

感冒之后，没摔着、没碰着，却突然走路“拐”了。经医生检查，腿不红不肿，只是在按压髋关节时，宝宝喊疼。这是因为得了“一过性髋关节滑膜炎”。治疗方案是：静卧（不让髋关节负重）。家长要哄住宝宝少下地，静卧几日，约一周可基本恢复正常，但近期仍应少跑、少跳。

急性喉炎

感冒又称上呼吸道感染，鼻、咽和喉均有症状。感冒时嗓子有些哑，但和急性喉炎的症状不一样。急性喉炎的症状更为严重：嗓子疼得厉害；声音嘶哑，甚至失声；吸气时明显费力，呼吸困难，出现缺氧的症状。发生急性喉炎，十万火急，要尽快就医，以解除因缺氧对身体的危害。

病毒性心肌炎

感冒以后，“总缓不过劲儿来”，同时有这些表现：体力变了。稍活动一会儿，就会大喘气，宝宝“变懒”了；脸色变了。眼眶发青、口唇发紫；每分钟脉搏数超过 120 次或少于 60 次（安静状态下）。此时就要警惕“病毒性心肌炎”。

肺炎

患肺炎与一般呼吸道感染的最明显区别是有“气急”的症状。所谓“气急”是指呼吸增快。观察呼吸，要露出小儿的胸腹部（不仅仅是胸部），盯住起伏最明显处，计数 1 分钟的呼吸次数（一起一伏计为一次）。每分钟呼吸的次数明显加快是肺炎的特征：未满 2 个月，每分钟≥ 60 次；2~12 个月，每分钟≥ 50 次；1~4 岁，每分钟≥ 40 次。

家有“复感儿”

全国小儿呼吸道疾病学术会议曾对反复呼吸道感染的儿童制定了诊断标准：凡 0~2 岁小儿一年内上呼吸道感染 7 次，下呼吸道感染 3 次；3~6 岁小儿一年内上呼吸道感染 6 次，下呼吸道感染 2 次。两次发病相距 7 天以上，或上呼吸道感染次数不够，加了下呼吸道感染次数能达到标准者，即可诊断为“复感儿”。

家有“复感儿”怎么办？改变宝宝弱的体质不能仅仅靠药物，而是要靠衣、食、住、行等方面的全面呵护，提高宝宝的抗病能力。

衣——不“捂”不“冻”，及时增减

关于衣着的厚薄，虽有“春捂秋冻”的说法，但对小孩子既不该“捂”，也不该“冻”，应该随着气温的变化（室内、室外；早、午、晚；降温、回暖）来增减衣服。“捂得严”，稍一活动就会一身汗，易感冒；“受冻”，抵抗力下降，也易感冒。

食——添“红”添“绿”，营养全面

人称感冒是百病之源，而 90% 以上的感冒是因病毒引起的。通过饮食来调理加固机体的免疫长城，使侵入人体的病毒难以繁衍，难以兴风作浪，是上策。

食“不可一日无绿”。一般，宝宝爱吃肉，不爱吃蔬菜，特别是有嚼劲的绿色蔬菜。但是，绿色蔬菜正因为“有绿”，才富含维生素 C 等抗氧化物；正因为“有筋”“有渣”，才富含大量膳食纤维。抗氧化物是病毒的克星，膳食纤维是清除病毒毒素的“扫帚”。所以，宝宝的小餐桌上“不可一日无绿”。

小餐桌上添点“红”。自然熟透的番茄，富含番茄红素，这也是一种抗氧化物。红黄色的橘、柑、胡萝卜、南瓜等果蔬，富含胡萝卜素，在体内胡萝卜素可以转化成维生素 A。维生素 A 对于气管、支气管的健康很重要。

每日，主食、奶、豆、菜、果、肉，都搭配着吃些，营养全面，抗病能力才强。

住——避“烟”避“燥”，空气新鲜

呼吸道最怕烟。烹调时产生的油烟以及家人吸烟，使空气受到烟雾污染，宝宝呼吸道受伤害首当其冲。宝宝的气管、支气管管腔狭窄，黏膜薄嫩，受到烟雾的伤害，很容易发生炎症。

在气候干燥的季节，注意增加室内空气的湿度。另外，每天居室要通风 1~2 次，空气流通可以有效地减少室内病毒的数量。

行——择“时”择“地”，户外锻炼

只要天气好，就抓住机会，带宝宝到户外去活动活动。选择一处空气新鲜的地方，让他接受“日光浴”“空气浴”。古代名医华佗曾言：“运动，可使血脉流通，血脉流通，则百病不生。”运动时出些微汗，回家洗个温水澡，毛孔畅通，自然“邪气无存”。

感冒多变，务必勤观察

虽说感冒是宝宝们的常见病，但是只要护理得当，辅以药物，很快就能好利索。但是，有些大病，比如流行性脑脊髓膜炎（简称流脑）、传染性肝炎、病毒性心肌炎，等等，病初的症状很像是“感冒”，所以一定要注意观察病情的变化，及早发现大病的“苗头”。

那么，怎样观察病情的变化呢？什么是一些大病的“苗头”呢？

精神

如果宝宝得的是普通的感冒，只要烧一退或是体温降到38℃左右，宝宝的精神就好多了。如果一直精神很差，表情淡漠，眼神发呆，特别是出现头痛和嗜睡（能被叫醒，但哼唧两声或翻个身又睡了），很有可能是大病的“苗头”，比如流脑。

皮肤

许多急性呼吸道传染病，比如风疹、幼儿急疹、水痘、猩红热等，都会在发病的某个阶段，有皮疹出现。皮疹的特点是“充血性皮疹”，压迫皮肤，皮疹就会褪去红色。最早出现皮疹的部位，一般在发际、耳后和颈部。

感染“流脑”，也可能出皮疹，是那种“出血性皮疹”，压迫皮肤，皮疹不会褪去红色，在皮肤受压的部位较多（如肘、肩、臀部等处）。刚出现的皮疹是针尖大小的出血点，很快成为出血斑，随即险象环生。

进食

感冒发烧会影响食欲，也可能引起呕吐，但只要胃里空了，也就舒服了。

感染“流脑”就不一样了，不仅吃了又吐，而且呈喷射状呕吐，也就是没感到恶心，一下就喷吐出来。即使胃里早空了，还在吐，能吐出胆汁来。

呼吸

患感冒或气管炎都会出现咳嗽的症状，但不会使宝宝的“呼吸增快”。关于“呼吸增快”的判断标准，请参考第 204 页“肺炎”部分相关内容。

“呼吸增快”是肺炎的症状，如果同时宝宝的脸色发青，快带孩子去医院诊治。为宝宝计数呼吸的次数，要看腹部的起伏，一起一伏为 1 次呼吸，计数 1 分钟。

脉搏

任何原因引起的发烧，都会使脉搏增快。一般体温每上升 1℃，脉搏就会增加 15 次。家长要特别注意体温已经恢复正常后，或仅仅有低烧的宝宝的脉搏的次数和节律。“病毒性心肌炎”，病初常常被当成“感冒”，渐渐险象环生。由于引起该病的“柯萨奇病毒”主要侵犯心肌，所以病儿会出现心率和心律（心跳的节奏）的异常。在家里可以用摸脉的办法代替用听诊器听心脏。

数脉搏要在孩子安静的时候进行。比如，在一觉醒来没起床时；在活动后休息了片刻之后；在饭后半小时以上。免得因为活动、进食、哭闹等影响结果的准确性。

心率过快是指未满 1 岁，脉搏≥ 140 次 / 分钟；1~6 岁，脉搏≥ 120 次 / 分钟。心率过缓是指未满 1 岁，脉搏 < 100 次 / 分钟；1~6 岁，脉搏 < 80 次 / 分钟。如果摸着脉跳，跳几下就停一会儿，每分钟出现五六次停顿，就表示心律有异常。出现脉搏过快、过缓和心律异常，就别再往“感冒”上想了。

大小便

让孩子把尿排在白色的便盆里，以便观察尿色、尿量。尿色有异常（比如尿色明显发黄、尿色似洗肉水），用个干净的小瓶留些尿，看病时供化验用。大便有异常，也用小瓶留便，免得到了医院，为等大便耽误时间。

观察得细，一旦发现大病的“苗头”，可以早就医，因为有些病可是分秒必争啊。

区分流脑与感冒

冬春季是流行性脑脊髓膜炎（简称流脑）的多发季节，一旦患上流脑需分秒必争，早就医，早脱离危险。但是，有些孩子得的是流脑，却被家长认为是感冒——有点头疼脑热时，没及时送孩子去医院，等到孩子抽风不止、昏迷不醒了，才知道这次得的不是感冒，赶紧去医院。

那么，一旦得了流脑，有没有什么“苗头”可以使人发觉“不同寻常”呢？

只要细心观察，的确有“苗头”可引起人们的警觉。

突然发高烧、打寒战，头痛。而流鼻涕、打喷嚏、咳嗽等感冒的症状，并不明显。

喷射状呕吐。没怎么感到恶心，就一下喷吐出来，吐完也不觉得舒服。感冒是先恶心，待吐出来就舒服了。

精神极差。大点的孩子常表现为嗜睡，虽然能被叫醒，但很快又迷迷糊糊了。婴儿则表现为嗜睡、哭闹，哭的声音吓人，好像在尖叫。

皮肤上有出血点。在发烧几个小时以后，在病孩儿的肩、肘、臀部等皮肤受压的部位，可以发现一些暗红色的出血点，用手压上去，不会褪色。皮肤上有出血点，这是流脑的症状，感冒可没有。

小婴儿囟门异常。平时囟门是平平的，得流脑以后，囟门隆起。

预防流脑，最重要的有三条

⑴ 接种流脑疫苗。

⑵ 冬春季，少去人多、空气不新鲜的场所。如果必须去（比如医院），给孩子戴口罩。

⑶ 居室经常通风，保持空气新鲜。

咳嗽原因大集合

咳嗽，虽说十有八九是因为感冒、气管炎等引起的，但还有其他的疾病也可以引起咳嗽。咳嗽只是一种症状。下面就说说除了感冒、气管炎之外，其他一些疾病引起咳嗽的特点和如何预防咳嗽。

喑哑犬吠咳，警惕是喉炎

喉，是呼吸道最狭窄的部位，它既是呼吸气体的通道，又是发音器官。由细菌感染引起的急性喉炎，有其特殊的症状。通过“咳嗽听音”，可以与感冒相区别。喉炎引起的咳嗽声音发闷，似“犬吠”，或似敲破竹发出的“空空”声。另外，喑哑甚至失音；吸气时明显费力；病儿烦躁不安，脸白、唇紫。

急性喉炎是重症、是急症，要马上去医院治，分秒必争，耽误不得。

感染百日咳，咳嗽有特点

由于现在的孩子基本上都接种过相关疫苗，百日咳已十分少见。但是因为漏种等种种原因，百日咳并未绝迹。百日咳，病初似感冒，数日后出现典型的该病的咳嗽：10 声、20 声地连续咳，患儿不能吸气，被憋得脸红、泪出，最后是长吸一口气，发出类似鸡打鸣的声音。早治早痊愈，真让宝宝咳百日，太痛苦。

若有呛咳史，体检要全面

有些宝宝久咳不愈，用抗生素治疗无效，后经透视才发现支气管里有异物。医生将异物取出，才去了病根儿。如果宝宝曾有呛咳史，在给宝宝治咳嗽时，要向医生提起有过呛咳这件事，以免漏诊。

当成气管炎，实则为哮喘

哮喘是一种变态反应性疾病,以“喘”为突出特征。但是有一种被称为“咳嗽变异性哮喘”的哮喘病，喘并不明显，而以剧烈咳嗽，反复咳嗽，抗生素治疗无效为其特征。如果宝宝是过敏体质，而且一犯咳嗽就来势凶猛，别认定又是气管炎犯了，最好做个全面的检查，如果是哮喘，还得对症下药。

是不是肺炎，数数呼吸看

凡是呼吸系统的疾病，咽炎、气管炎、支气管炎以及肺炎，都会出现咳嗽的症状。仅凭咳嗽难以判断病情的轻重缓急。为了便于观察宝宝是否得了肺炎，可以在宝宝处于安静的状态下，计数 1 分钟呼吸的次数（一吸一呼为 1 次）。具体判断标准请参考第 204 页“肺炎”部分的内容。

先用止咳药，还是先化痰

痰，是呼吸道的垃圾，无论是气管炎、支气管炎，还是肺炎，都会生痰。通过咳嗽，把痰排出，是机体的自身防御反应。小儿咳嗽的力量弱，如果痰液黏稠，就很难咳出，痰液越积越多，会加重呼吸困难。所以，先要化痰，靠咳嗽将痰排出，而不是止咳。

维护呼吸道，营养要全面

适量的维生素 A，使气管内的纤毛上皮细胞得到滋养，气管的自净作用发挥好；适量的优质蛋白质，使受炎症损害的气管纤毛得以及时修复，健全的纤毛自下向上摆动，将进入气管的病菌、灰尘，“扫”到咽部，咳出;适量的蔬菜、水果，为机体提供病毒的克星——抗氧化物。

呵护呼吸道，坚决避开烟

婴幼儿鼻腔狭窄，受到烟雾的刺激，易发生鼻堵，迫使他们用口呼吸，失去鼻腔对空气的清洁作用。烟雾进入气管，削弱气管的自净作用，刺激肺泡，咳嗽生痰。

第二章 肺 炎

说说肺炎

冬春季是呼吸系统疾病的高发季节，其中最为严重的当数肺炎了。作为家长，如何通过到位的护理，使宝宝远离肺炎呢？护理到位，体现在一些细节上。以下一些细节就相当重要。

控制好上呼吸道感染，别让感染“往下走”

伤风感冒，也就是上呼吸道感染，一个孩子在一年中难免会得上一两回。若护理得当，一周左右就能康复，不让感染“往下走”。

护理要点：居室内空气新鲜（通风，但不让风直吹孩子）；温湿度适宜（室温太高、湿度太小，呼吸道干燥，抵抗力下降）；没必要去大医院就尽量不去（大医院里病儿多、病种杂，交叉感染的机会多）；环境安静（让病儿睡好觉，积攒抗病能力）；吃清淡好消化的食物（但呕吐后不强吃，让胃休息一会儿）。

平日，通过食疗，加固呼吸道抗感染的能力

气管上接咽喉，下连支气管和肺。可以说气管是保护肺的一道屏障，因为气管有自净作用。

维护气管的自净作用，不可缺少维生素 A。给宝宝提供适量的维生素 A 并不难。每天喝杯牛奶或酸奶（不要脱脂的），吃个鸡蛋，蔬菜中有绿色的，水果中有黄色的，即使宝宝不爱吃胡萝卜，也不经常吃肝，也会获得适量的维生素 A。

预防流感，接种流感疫苗

婴幼儿患流感常常合并肺炎，防住了流感，也防住了肺炎。

不过，对于婴幼儿来说，还有一种特殊的肺炎：非感染性肺炎，这是因为异物呛入气管，往下进入肺所致。

不要把整粒的花生米、豆粒等给 3 岁以下的孩子吃。更为重要的是叮嘱孩子别边吃边打闹、说笑，避免呛着。另外，宝宝拿着妈妈的粉扑玩，呛入粉也可发生非感染性肺炎。所以粉扑要收好，莫落到孩子手上。

什么是“支原体肺炎”

进入冬季，“支原体肺炎”这个病名频频出现在各种媒体上。作为婴幼儿的家长，可能对“肺炎”并不觉得陌生，但是前面加了“支原体”三个字，就有些担心啦，莫非又是一种新的传染病出现了？怎么预防？

“支原体”是一种比细菌小、比病毒大的微生物，“支原体肺炎”并非新出现的传染病

在早年出版的医学书籍中，“支原体肺炎”常以“原发性非典型肺炎”的名字出现。因为由支原体引起的肺炎，与细菌引起的肺炎从症状上比较，不典型。

细菌引起的肺炎，起病急，有明显的喘憋症状，X 线检查可见明显的肺炎影像，等等。而支原体引起的肺炎，起病较缓慢，喘憋不明显，X 线检查也缺乏“证据”。该病最为突出的症状是一阵阵剧烈的咳嗽，这在以往百日咳仍多见的年代，常被误认为是百日咳。

治疗“支原体肺炎”，首选阿奇霉素、红霉素。

“支原体肺炎”常在家庭中发生“小流行”

得这种病，往往是一人先得病，传染家里人。作为一种传染病发生“流行”，必须具备几个要素：

(1) 传染源。感染了支原体的病人或携带者；

(2) 传染途径。空气飞沫传染；

(3) 易感者。体内缺乏“支原体抗体”的人。

那么，谁最可能成为传染源，把病引入家庭，成为“引入者”呢？每天必须外出工作，要乘坐公共交通工具，工作场所人员密集、空气污浊，这类人群最具“引入者”的条件。另外就是中小学生，再就是常去医院看病，容易受到交叉感染的人。

作为家长，不能不外出工作，但是可以采取防范措施，不当那个“引入者”：力求工作场所能经常通风换气，保持空气新鲜。外出回家后，换外衣、漱漱口、洗净手，再接触孩子。成年人若感染了支原体，可能只出现咽炎、气管炎的症状，但可以把支原体传给孩子，使孩子得支原体肺炎。所以，如果家长自己有嗓子疼、干咳、低烧等症状，无论是否为支原体感染（做病原的诊断很困难），最好与孩子分屋睡、分餐吃，减少接触孩子的机会。

用预防感冒的方法，预防“支原体肺炎”

支原体肺炎是通过飞沫传染的。病人或支原体携带者，在咳嗽、打喷嚏、大声说话时，喷出的飞沫，飘浮在空气中，被他人吸入，他人受到传染。

切断传染途径的方法，与预防感冒相同：养成好习惯，咳嗽、打喷嚏时，避开别人。每天居室要通风换气 2~3 次。一间 20 平方米左右的房间，在没有大风的情况下，开窗 10 分钟，可以置换一次空气，这样就有效地稀释了室内飞沫的浓度。居室采用湿式扫法，避免尘土飞扬。因为飞沫落地后，混在尘埃中，一扫、一掸，又到了空气中，造成传染。

保护家中的“易感儿”

婴幼儿抵抗力差，属于“易感儿”。下面这些保护措施看似平常，但有实效。

首先，帮宝宝维护气管的自净作用。当飞沫夹带着支原体侵入呼吸道以后，并不能长驱直入地侵犯肺，这要靠气管的自净作用。原来，气管内壁的纤毛，自下向上摆动，就把入侵的异物扫出气管，咳出。滋养纤毛的营养素是维生素 A。小餐桌上有乳、蛋、肝，可以直接补充维生素 A；有西蓝花、胡萝卜、豌豆苗等蔬菜可以获得胡萝卜素，在体内变成维生素 A。

再者，带孩子外出游玩，不扎堆，不过度疲劳。勤洗手，多饮水。

第三章 便秘与腹泻

看懂宝宝的便便

育儿，既要关注宝宝的饮食，也要关注他们的排便问题。因为粪便是一面“镜子”，反映宝宝对食物的消化吸收情况。围绕着便便，还真有些问题，让家长感到困惑。

便干、排便难，但内裤上有稀便。到底是便秘还是拉稀

是便秘。那为什么会有遗粪？干硬的粪便堆积在直肠内，久了，有的粪便液化，变成稀便流出。

对策：调整食谱；顺时针按摩宝宝的腹部；让宝宝定时坐便盆；补足饮水，使排便通畅。

吃得多、拉得多，就是不长肉。这营养是够还是不够

饭量不小，大便量大，体重增长得不理想，首先应排除寄生虫病等疾病。

如果没查出病，对策：补充益生菌（如喝酸奶）；捏脊；细嚼慢咽；调整食谱，适当减少含膳食纤维多的食物（如粗粮）。

大便不干，但一般两三天才排一次，算不算便秘

俗话说这叫“攒肚”。虽无大碍，但若能每天排便，对身体更有益。

对策：让宝宝定时坐便盆；饮水要充足；每天食用绿叶菜（黄瓜、茄子等含的膳食纤维较少）；适度运动，增强肠蠕动；有了“便意”不憋着。

大便中泡沫多，是不是咽下了太多的空气

若咽下太多的空气，宝宝就会打嗝。大便中泡沫多且酸臭，主要是饮食中摄入的碳水化合物太多（如贪吃主食、甜食）。

对策：调整饮食结构。中国营养学会推荐，1~3 岁的宝宝，每日谷物摄入 100~150 克为适宜量。

吃韭菜，拉韭菜，是不是“直肠子”

肠子弯弯绕绕，盘在腹内。吃什么，拉什么，是食物没有被消化，整吃整拉了。比如，韭菜、胡萝卜，如果没有切细、切碎，就不容易被消化。

小宝宝，刚吃完就拉，被人们叫作“直肠子”，实际是“胃—结肠反射”。食物入胃，反射性地引起结肠加快蠕动速度所致，孩子大点儿就好了。

弯弯肠子直肠子

常听孩子妈妈们聊天，聊着聊着就说到孩子的大便，于是就听到这样的说法：如果宝宝是“直肠子”，吃完就想拉，那营养来不及吸收就“滑肠”了；如果宝宝是“弯弯肠子”，就能“存肚”，好几天才大便一次，那营养可就全留住了。是不是这样呢？

“吃完就想拉”并非肠子是直筒

不管是大人还是孩子，就肠子来说，都是“三弯九转”盘在肚子里的，没有什么“直肠子”和“弯弯肠子”之分。但是肠子有分工，小肠管营养物质的吸收，进入大肠的已经是“糟粕”了。

确实，婴儿有“刚吃完就想拉”的现象，而且越小越明显。这是一种生理上的反射，叫“胃—结肠反射”（结肠为大肠的一部分），即食物入胃，会反射性地加速结肠的蠕动，促成排便，排出的是“糟粕”，并不存在“滑肠”的问题。

便秘，主要是因为食物中缺少膳食纤维

有的宝宝好几天才大便一次，而且使足了劲儿，拉出的屎像“羊粪蛋”。所谓“存肚”，存的是“糟粕”，其中的有毒物质返流入血使得机体的免疫力下降。便秘是机体亮起了“红灯”，因为，“便秘—上火—发烧”，往往是“三部曲”。

所以，让宝宝养成每天排便的习惯，体内的“垃圾”日产日清，机体内环境清清爽爽，不仅抵抗力强，而且宝宝头脑清醒，学什么都快。

对症治疗便秘

便秘，使宝宝痛苦，让妈妈揪心。其实，针对不同的便秘原因，有不同的应对方法，找出原因最重要。当然，先得确认一下，宝宝是不是便秘。

一般吃母乳的小婴儿，经过两三个月的磨合，消化能力渐入佳境，对食物的吸收、利用率高，剩下的食物残渣就不多了，也许“攒”上两三天才排便一次，排的是黄色软便，不干、不硬，宝宝也不哭不闹，没痛苦。这种现象俗称“攒肚”。待添加辅食以后，食物残渣多了，也就不再“攒肚”。

便秘是指排便如排石，大便干硬，有排便困难。若撑出“肛裂”，排便时剧痛。不同年龄的宝宝，便秘的常见原因也有所不同。下面列出一些带有共性的问题，帮助家长查找宝宝便秘的原因。

新生宝宝便秘——警惕先天性疾病

正常新生儿大多在出生后 24 小时之内有初次排便，一种墨绿色黏稠的胎便。吃奶以后，会逐渐变为淡黄色的乳儿便。如果胎便未能如期而至，或间隔数日才有极少量的胎便排出，伴有腹胀，就不正常了，可能由于一些先天性疾病，比如先天性巨结肠、先天性消化道畸形、先天性甲状腺功能低下等，需要早诊断、早治疗。有时只是因为胎便过于黏稠，拥堵在直肠里，洗洗肠就可以了。

吃母乳的宝宝便秘——可能没吃饱

一般来说，吃母乳的宝宝不容易便秘。但是，如果乳汁少，宝宝猛吸猛吮吸入不少空气，但仍未吃饱，肠内积气加上食物残渣少，肠蠕动无力，就可能造成便秘。如果母乳实在不够吃，就要采取混合喂养的办法。

人工喂养的宝宝便秘——常因饮水不足

吃母乳的宝宝，不必另外喂水。可是吃配方奶粉的宝宝需要另外喂水。特别是夏天，婴儿常因口渴而哭闹。宝宝一哭，家长常常会认为是宝宝饿了，于是又喂奶粉，误把“渴”当“饥”了。水分是肠道的润滑剂。饮水不足，肠道缺少润滑剂，粪便就排出不畅。

会坐盆的宝宝便秘——常因排便习惯不好

有的家长，为了腾出手来干活儿，就让宝宝坐在便盆上，前面再放点玩具。宝宝的心思全不在“用劲儿拉便便”上，形成不了“坐盆—排便”的条件反射。便盆被当成了小椅子坐，削弱了“便意”，容易发生便秘。从小培养好的排便习惯，可以说终生受益，不易受便秘之苦。

偏食的宝宝便秘——常因缺少膳食纤维

有的宝宝只爱吃肉、蛋等高蛋白食物，青菜入口咂咂味就吐了，“高蛋白”食物几乎剩不下多少残渣。如果再加上常常喝果汁代替吃水果，每天摄入的膳食纤维就太少了，形成的粪便量不足以刺激直肠产生便意。

刚入园的宝宝便秘——常因对新的环境还不适应

宝宝刚入园，往往因为不习惯幼儿园的厕所，有“便意”也忍着。这种现象，随着宝宝入园后慢慢适应，会自然消除。

关于腹泻，有些话信不得

夏秋季，腹泻是小儿常见病。防治腹泻，有三点最重要：重视预防、争取早治、饮食调理。但是，有关腹泻，却流传着一些说法，比如“拉稀可以泻火”“拉稀，饿几顿就好了”。这些话，信不得。信了，可能误大事。

莫把中医的“泻法”与“腹泻”混为一谈

认为“拉稀可以泻火”“有钱难买六月泻”，是把中医的“泻法”与“腹泻”搞混了。

腹泻是病。从病因上可分为两大类：一类为感染性腹泻（比如，轮状病毒引起的秋季腹泻）；另一类为非感染性腹泻（比如，着凉、过敏等引起的腹泻）。从症状上说，腹泻轻的，一日泻数次，时间长了，也会造成营养不良、脱肛等疾病。腹泻重的，日泻十余次或更多，很快就能引起脱水、酸中毒，危及生命。所以，不论何种原因引起的腹泻，绝非“有钱难买”的好事，需要早治和彻底治。

至于说“拉稀可以泻火”，也是错的。中医辨证施治，针对“实证”“热证”，采用“泻法”是对症下药，解“大便燥结”，达“清热泻火”。而腹泻本来就是病，起不到“泻火”之效。如果相信“拉稀可以泻火”，势必会对腹泻轻防、轻治。

并非“拉稀，饿几顿就能好”

倒退到 20 世纪五六十年代，当时患腹泻的病儿要禁食。但是，国内外的临床研究证实：禁食有弊。肠道虽说是彻底休息了，但是营养跟不上，宝宝康复慢，甚至造成营养不良。

如果能根据病情的轻重，选些适宜的食物，既补充了营养，又不会使肠道负担过重，病儿康复快、减重少，不会出现“病一回，缓半年”的状况。所以，腹泻不禁食，早已成为医生们的共识。当然，也不能“只要孩子想吃什么，就给他做”。关于腹泻的饮食要点，请参考第 155 页的内容。

莫把肠套叠当成菌痢

“肠套叠”是指一段肠管套进相邻的另一段肠管内，发生肠梗阻，是 6 个月至 2 岁左右婴儿的常见急腹症。发病与饮食改变、腹部受凉等原因有关。

肠套叠的几大症状

阵发性哭吵。源于腹痛，哭吵时屈腿、出冷汗、脸色苍白，持续十来分钟后安静下来，不久又一阵哭吵。几阵哭吵之后，精神极差。

频繁呕吐。阵发性哭吵后不久，开始呕吐，而且越吐越厉害，积存的胃内容物吐净了，还止不住呕吐。

果酱样血便。由于两段肠管套在一起，相互挤压，出现血便，似果酱样。一般于发病后 6 小时左右排出血便。

腹部肿块。在哭吵的间歇期，触摸孩子的右侧腹部，可能摸到似腊肠样的肿物。

为什么家长会误认为是“拉痢”

家长对细菌性痢疾多多少少会有些了解，如肚子疼，大便异常。对肠套叠，往往没听说过，也不了解它的症状。所以，一旦孩子出现哭吵，并有大便异常，家长马上想到“拉痢”。其实，不要慌，仔细分辨：“拉痢”会发烧，排出的是脓血便；肠套叠不发烧，排出的是果酱样便，且有阵发性的哭吵（肚子疼要比“拉痢”严重得多）。

为什么肠套叠要尽快就医

发病后尽快去急诊，可能争取到没什么痛苦的“气灌肠疗法”——从肛门送入气体，把套住的肠管冲开就行了。耽误久了，就必须手术治疗了。

第四章 五官健康

关于眼睛的一些毛病

沙子眯眼，叮嘱宝宝别揉眼

风大，沙子眯了眼，叮嘱宝宝别紧闭着眼，更别揉眼。轻轻把眼闭上，泪水会把沙子冲到眼睑边上。大人用棉签或面巾纸轻轻一沾，沙子就出来了。如果揉眼睛，角膜就可能被沙子磨伤，疼痛难忍。还要叮嘱宝宝，和小朋友一起玩沙子时，不要扬沙子。

眼痒、泪多，需要查找导致过敏的原因

宝宝若有过敏性鼻炎，常常同时有过敏性结膜炎。当眼结膜与空气中的致敏原（如花粉、尘埃等）接触后，眼睑肿、奇痒、泪多。别认为“打几个喷嚏”“眼睛痒”无大碍，要查找致敏原，尽量避开它。

长“麦粒肿”，挤了脓疖出危险

麦粒肿，俗称“针眼”。宝宝长针眼，通常是用脏手揉了眼睛，或擦脸的毛巾不干净，化脓性细菌侵入眼睑所致。一旦形成“脓疖子”，红、肿、疼的“针眼”就出现在眼睑上了。

家长一定要有这种意识：疖子不能挤，包括针眼。挤了它，炎症扩散，可就是大病啦。

眼位不正，及早去找医生看

宝宝在看书、做手工等“费眼神”的事情时，出现斜视；不费眼神时，眼位正常，说明宝宝已有“间歇性斜视”。家长别认为等大点儿就好了。

“间歇性斜视”不予干预，往往会发展成“固定性斜视”，再进一步就是“弱视”了。弱视如果再耽误，将会成为“立体盲”。

佩戴墨镜，为防强烈紫外线

给宝宝戴墨镜，是为了防强烈紫外线对眼睛的刺激，而不是戴着玩儿。如果不分阴天、晴天，不分早晚，甚至回到家也舍不得摘，就对视觉的正常发育不利了。6 岁以前（特别是 3 岁以前）是视觉发育的敏感期，前提是有适度的光线刺激。

有些玩具墨镜，防不了紫外线，还会引起视疲劳。购买时要选择正规产品。

留心一下，宝宝的“眼位”是否正常

什么是斜视

人的两眼向前或向其他方向转动时，视轴是平行的。当向前看时，出现一眼向内、向外或向上、向下斜，视轴相互不平行，就是斜视。所谓“斗鸡眼”是内斜视，“斜白眼”是外斜视。

什么是间歇性斜视

斜视常在3岁左右显现。最初多为间歇性斜视，即起初宝宝在看书、做手工等“费眼神儿”的事情时，出现斜视；不费眼神的时候，“眼位”正常。若这时不治疗，会逐渐发展为“固定性斜视”。所以，只要发现宝宝有间歇性斜视，就别“等等看”，要带宝宝去眼科检查。

为什么斜视会导致弱视

由于两眼的视轴不平行，孩子在看东西的时候，两眼就不能同时注视同一个物体，物体成像在视网膜上时有明显差别的影像，信息传入大脑就成了模模糊糊的“双影”，使人感到很不舒服。大脑被迫抑制自斜视眼传入的信息，不接受它，这样就没有“双影”了。斜视眼传入的信息总不被采纳，日久也就“视而不见”，出现弱视。只靠位置正常的那一只眼看东西，当然是“立体盲”啦。

人们称“弱视眼”为“懒汉眼”。要让“懒汉眼”变得勤快起来，就得多给它活儿干。所以，医生治疗弱视多采用“遮盖法”，即在一段时间内，遮盖健康的那只眼，让“懒汉眼”工作，配合一些需精细目力的作业（如穿珠子等），定期复查。家长要遵医嘱，别自作主张取下眼罩，或延长戴眼罩的时间，否则影响疗效。

眨眼 VS 挤眼

眨眼，可使泪液均匀地在眼球表面形成一层保护膜，叫泪膜，所以眨眼是一种生理现象。如果长时间盯着电脑、电视，会使眨眼的次数减少，有损角膜的健康。家长要控制孩子玩电脑和看电视的时间，最好每次不超过半小时。看会儿，玩会儿别的。

如果孩子频频眨眼，家长也得关注。常见的原因如下：

(1) 急性结膜炎，俗称红眼病。因为眼睛痛、痒，引起频频眨眼。

(2) 沙眼，由一种叫“衣原体”的病原体引起的感染。患沙眼，使眼睛有摩擦感，引起频频眨眼。

(3) 倒睫，常因家长给孩子剪睫毛，引起睑缘炎，进而出现睫毛乱生。

(4) 屈光不正。远视、近视、散光，使眼睛很容易出现视觉疲劳，而频频眨眼。

“挤眼”，是指每次眨眼的时间明显延长。有的孩子不时地“挤眼”，同时还有吸鼻、皱额、努嘴、端肩等怪动作，则被叫作“挤眉弄眼综合征”，或“局部抽搐症”。这种状况发生的原因，不是“眼睛痒”“鼻子干”“脖子酸”，而是一种心理障碍，应求助于心理医生，通过心理矫治，方能去掉“坏毛病”。

几个跟眼睛有关的小故事

一眨眼就流泪的小姑娘

宝宝生来眼睛大大的，但是父母左看、右看，总觉得眼睫毛太短了，大眼睛配长睫毛那该多漂亮，给她剪剪睫毛吧。没想到，这一剪还真剪出毛病来了，不仅弄了个“烂眼边”(睑缘炎)，还添了一眨眼就流泪的毛病，还是去眼科看看吧。

医生说，这是剪睫毛后，出现睫毛乱生的现象，有的睫毛倒向眼球，一眨眼，眼角膜就被“刷”一次，自然会疼痛、流泪，时间长了，还可能引起角膜溃疡。得了“烂眼边”，睫毛也不会长得好，更谈不上漂亮了。

其实，睫毛的发育有其自身的规律，隔几个月，旧的脱落，换成新的，眼没病（不发炎），睫毛自然漂亮。何况剪去的只是睫毛露出来的部分，并未刺激毛囊，也不会因为剪，睫毛就长了。而且睫毛是保护眼睛的一道屏障，被剪了，汗、灰尘容易进到眼睛里，引起结膜炎。

对宝宝来说，睫毛长短，顺其自然。

不敢走楼梯的孩子

强强还不到一岁，就能爬着上楼梯，两岁多，扶着栏杆上下楼梯没摔着过。现在快四岁了，反而不敢走楼梯，还常摔着。强强看电视时也怪怪的，歪着脖、偏着脸。另外，手特笨，做点手工难着呢。更奇怪的是，一干费眼睛的事，右眼就往里斜，平时倒没事。爸妈拿不定主意，是该带孩子去外科，还是去眼科，那就先去眼科查查吧。

这一查，还真查出毛病来了。强强的右眼“内斜视”，而且已经发展成“弱视”，成了“懒汉眼”。虽说只是一只眼睛出了毛病，但要准确地判断深浅、远近，就难啦，难怪强强变得胆小，不敢走楼梯了呢。歪头、偏脸看电视，是为了只让好眼盯着目标。

医生还说，强强的弱视还算发现得早，可以让“懒汉眼”勤快起来，恢复“立体视觉”，但要花两三年的时间。

一只眼是“懒汉眼”，因为还有另一只眼很“勤快”，宝宝自己不会说出不舒服，但是医生检查眼睛却是一只眼、一只眼地检查，有异常能及时发现。

一到傍晚就变得胆小的宝宝

小聪聪活泼可爱，闲不住。家长忙，没时间常带聪聪到户外去玩，聪聪在家就经常看电视，还学会了玩电子游戏。

渐渐地，聪聪的家长发现，一到傍晚，天黑下来，聪聪就变得特别胆小，不敢快走，还经常被屋里的家具磕着、碰着。白天从没出现过这种现象。

为什么聪聪的眼睛适应黑暗环境的能力减退了呢？这是视网膜缺少维生素A的营养支持，暗适应能力下降所致。

原来，在人的视网膜上有两种视觉细胞，一种专门接受强光刺激，并能辨别颜色；另一种专门接受弱光的刺激，与“暗适应能力”相关，这种细胞要以维生素A为营养，营养足才能干活。看电视、玩电脑游戏特别消耗维生素A，恰好聪聪又是个偏食的孩子，于是就出现了因为缺乏维生素A，暗适应能力下降，一到傍晚就胆小的现象。

保护耳朵

3月3日是全国爱耳日，呼吁人们重视听力健康。

耳聪、目明谓之聪明。耳聪，就是听力敏锐，是开发孩子智力潜能的要素。婴幼儿时期是耳的“多事之秋”，中耳炎、耳药物中毒和噪音性耳聋是造成宝宝听力损失的三大原因。而要想预防宝宝听力损失，还需要从日常生活中的一些“小事”做起。

呵护薄如蝉翼的“鼓膜”

把宝宝的耳廓轻轻向外上方牵拉，就可以看到一个很短的“死胡同”——外耳道。分隔外耳道与中耳的就是鼓膜，它厚约0.1毫米，经外耳道传来的声波引起鼓膜振动，这是产生听觉的第一步。如果鼓膜破损了，不仅振动差，而且细菌可以通过破损的鼓膜进入中耳。

在日常生活中，常常因为“失手”损伤了鼓膜，所以要特别注意下面两件事。

(1) 异物入耳。若是昆虫误入外耳道，昆虫的骚动会使宝宝边哭边用手抓耳朵，可用手电亮光引诱昆虫爬出，但往往是进来容易，出去难，为尽快解除宝宝的痛苦，可将食油或白酒滴入外耳道一两滴，把虫淹毙，就可从容就医。

宝宝在玩耍中偶尔也会将豆粒、瓜子、果核等小东西塞进耳朵眼里去，“储存”起来。家长如发现宝宝有异物在耳，不要在家里自己用耳挖勺、棉签等去取异物。家里没有取异物的合适工具，而家长又没有掌握其中的技巧，容易伤及鼓膜。

(2) 耵聍栓塞。耵聍俗称耳屎，少量的耵聍对外耳道具有保护作用。如果在洗头、洗澡时，耳朵里进了水，将耵聍泡胀，就会堵塞外耳道，宝宝会觉得耳朵发闷，不适。处理耵聍栓塞也要去医院。平时，不要用发卡、火柴棍、耳挖勺等给宝宝掏耳朵，万一“失手”，也会损伤鼓膜。

呵护“鼓室”里的三个“小兄弟”

鼓膜往里就是鼓室了，鼓室里住着三兄弟：锤骨、砧骨和镫骨，这“三兄弟”加起来才有 50 毫克重。声波振动鼓膜，鼓膜带动听小骨，经过听小骨的杠杆作用，声波被放大二十多倍，这是产生听觉的第二步。

如果鼓室（中耳）发炎、积液，三块听小骨发生粘连，失去杠杆作用，就会造成听力损失。呵护好鼓室内的“三兄弟”，还得从一些“小事”做起。

学会擤鼻涕。从鼓室的前壁伸出一条暗道，通向鼻咽部，这条暗道叫“耳咽管”，也称“咽鼓管”。如果擤鼻涕时，把两侧鼻孔全捂上，使劲擤，鼻咽部的压力骤增，就会把脏东西挤入耳咽管，进而殃及鼓室。所以，擤鼻涕，应先捂住一侧鼻孔，轻轻地擤，然后再换另一侧。再说，鼻子堵主要是鼻黏膜肿胀引起的，只靠擤鼻涕是不能解除鼻堵的。

婴儿防漾奶。婴儿吃饱奶以后，竖着抱起来，先给他轻轻拍拍背，让他打个嗝，再右侧卧躺下，可以减少漾奶。漾奶时难免有乳汁呛入耳咽管。除了空气，任何东西进入耳咽管都可能引起耳咽管堵塞，进而殃及中耳。

呵护内耳的听感受器

听小骨将声波传入内耳，刺激内耳的听感受器，将声音信号传向中枢产生听觉，这是产生听觉关键的第三步。宝宝的内耳听感受器格外娇嫩，需要精心呵护。

减少噪声的危害。长时间、强分贝的噪声可以损害内耳听感受器，使听力下降。然而，宝宝生存的环境太嘈杂了，且不谈从窗外传来的噪声，单说有的家庭中的噪声污染也足以吞噬宝宝的听力。为宝宝创设一个相对安静的环境，是护耳的重中之重。

当心耳药物中毒。家族中有因药物致聋者，宝宝很可能继承了对耳毒性药物的“敏感基因”。带孩子就医，应把“家族史”告诉医生，以便医生慎选药物。另外，切莫有病乱投医，在短时间内，如果应用多种“耳毒性药物”，对内耳听感受器的损害如“雪上加霜”。

说说听力“不等式”

生下来不聋≠可以放松听力监测

从医院回到家，总得试试小宝宝的耳朵才放心。这也容易，拍拍巴掌，宝宝眨眼了、哆嗦了，或正吃着奶停住了、闭着的眼睛睁开了，行，不聋。

然而，先天不聋不等于就可以放松听力监测。因为，婴幼儿时期是耳的“多事之秋”，鼻病可致耳疾；高烧、患传染病可能损伤听觉神经；打针用药不慎，更是危险；生活环境中的噪声也可能把宝宝的耳朵震聋了。

耳朵没流过脓≠没得过中耳炎

婴幼儿由于耳咽管（从鼻咽部通向中耳的管道）较短、较宽，所以鼻咽部的细菌容易进入中耳，引起化脓性中耳炎，脓液积多了就可能穿破鼓膜，从外耳道流出来。这下家长急了，赶紧去治。

可是，还有另一种“非化脓性中耳炎”，缘于耳咽管堵了，中耳里进不来空气，鼓膜内陷，声音的传导大打折扣。得这种中耳炎，不发烧、耳朵不疼、不流脓，唯一的异常是耳朵背了。如果家长对宝宝听力的变化不敏感，就失去了“早治”的时机。

药物没过量≠不能致聋

有过统计数字：10 个聋儿中，就有 6 个是因为耳药物中毒致聋。能够引起耳聋的药物主要是抗菌素类里的庆大霉素、卡那霉素、丁胺卡那霉素、新霉素、链霉素等。

人们常有一种误解，认为打针时只有药物过量、疗程长，才可能把耳朵打聋了。事实是：对“耳毒性药物”敏感的人，一两针就能全聋，药物并没过量。

婴幼儿时期，宝宝身体的抵抗力差，发烧、得传染病的机会多。但是，引起感冒、流感、幼儿急疹等的病原体是病毒，抗菌素并非病毒的克星。特别是如果家族中已经有“药物性耳聋”的长辈，孩子很可能继承了“敏感基因”，绝对别再冒这个险，一定要远离耳毒性药物。

大人没觉得“闹”≠孩子的耳朵受得了

电视、音响，大人听着“过瘾”的音量，对宝宝来说已经是非常“刺耳”了；家里来的客人多，大声说笑、喧闹，搓麻将、甩扑克牌的响动，对宝宝来说是“强震”；噼里啪啦的鞭炮声，大人玩得尽兴，对宝宝稚嫩的内耳是“重创”；动不动就对宝宝大声呵斥，也能达 90 分贝的音量……日复一日，宝宝的听力被一点点吞噬，其听觉记忆力（过耳不忘）和听觉分辨力就会大打折扣。

小贴士

婴儿听觉发育规律

- 1个月，突发的声音能使宝宝一怔；
- 2个月，喧闹的声音能使宝宝在睡眠中睁眼；
- 3个月，音响可使宝宝转动眼睛或转脸；
- 4个月，对熟悉的声音能转身寻找；
- 5个月，把头转向响着的闹钟；
- 6个月，用眼盯着和他说话的人；
- 7个月，能发出声音来“应答”；
- 8个月，会模仿教他的声音；
- 9个月，能按简单的指令做动作，如听到“再见”就摆手；
- 10个月，小声叫他的名字，他能转头寻找声源；
- 11个月，能和着音乐的节拍摆动身体；
- 12个月，学会若干词。

小鼻子的保健大问题

宝宝的鼻子像粒小扣子，鼻腔小且鼻黏膜薄嫩，毛细血管丰富，容易发生鼻堵或流鼻血。若顺手往鼻孔里塞了什么东西，更有了麻烦。家长莫轻视宝宝小鼻子的保健。

“小动作”，惹出大麻烦

不会擤鼻涕，惹出中耳炎。前文已经讲到，擤鼻涕时，如果把鼻子全捂上，使劲儿擤，鼻腔内压力大，就可能把脏东西挤入耳咽管，引起中耳炎，进而影响听力。正确的方法是：擤完一侧再擤另一侧，轻轻擤。

回吸鼻涕，惹出鼻窦炎。回吸鼻涕，脏东西就可能被送入鼻窦，引起鼻窦炎，流浓鼻涕、头疼。家长要叮嘱宝宝，有鼻涕要擤出来，不要回吸鼻涕。

取鼻腔异物，捅出了娄子。如果宝宝把小豆粒、果核等塞入鼻孔，可以按住对侧鼻孔，用力擤鼻。若异物没出来，别在家取异物，一来看不清，二来没有合适的工具，很可能把异物捅向深处，落入气管。取鼻腔异物，要去医院。

“小毛病”，并非无大碍

鼻子不通气，往往只被看作“小毛病”。但是，鼻堵并非总无大碍，如果是长期鼻堵，宝宝只能用嘴呼吸，可就是大问题了。

用口呼吸，伤肺。鼻腔是保护肺的第一道防线，对吸入的空气有清洁、湿润和加温的作用。用口呼吸，冷空气、干燥的空气、污浊的空气直接进入气管、肺，会诱发炎症。

用口呼吸，伤胃。鼻子不通气，吃东西时宝宝的嘴得忙于喘气，疏于细嚼慢咽，会造成囫囵吞食，加重胃的负担，造成消化不良，光吃不长肉。

用口呼吸，伤脑。用鼻呼吸，呼吸深而慢，获得的氧气多；用口呼吸，呼吸浅而快，获得的氧气少。大脑是用氧的大户，机体缺氧，大脑受害首当其冲。

宝宝流鼻血怎么办

天气干燥，孩子容易流鼻血。有时候家长会感到困惑：为什么宝宝两岁半以前不流鼻血，越大反而越容易流鼻血呢？再说水果没少吃，维生素 C 总不会缺吧，怎么还会流鼻血呢？要解开家长的困惑，还得从鼻腔说起。

鼻腔有个“易出血区”——绝大多数鼻出血，来自该区

在鼻中隔的前下方，靠近鼻孔处，有一个“易出血区”，表浅的毛细血管是易出血的原因。两岁以前，这个地方的毛细血管网尚未形成，所以少有鼻出血的现象。但是，有其他疾病的患儿除外，如血液病的鼻症状等。

同是水果，维生素 C 含量相差悬殊

维生素 C 可以增强毛细血管的韧性，预防鼻出血。请看水果中的维生素 C 含量大比拼（每 100 克水果含维生素 C 毫克数）：柚子，110 毫克；鲜枣，88 毫克；山楂，87 毫克；猕猴桃，62 毫克；香蕉，9 毫克；苹果，4 毫克；梨，1 毫克。可见，如果宝宝经常吃的水果是香蕉、苹果、大鸭梨，摄入的维生素 C 并不丰富。

预防为主，采取“综合措施”

要调节好居室适宜的温、湿度，避免空气太干燥；教育宝宝不抠鼻，别把小物件“藏”鼻孔里；发烧之际冷敷鼻。感冒发烧会使鼻腔充血，用小毛巾冷敷前额和鼻部，不仅可降体温，还可预防鼻出血。

止鼻血有技巧

安慰宝宝不哭不闹，安静坐下；让宝宝头略低，用拇、食指帮宝宝捏住鼻翼，坚持 10 分钟不要松开，用口呼吸，一般都能止血。

但是流鼻血有可能是全身疾病的一个症状，如果不仅出血量多，而且难止住，一定要早就医查出原因来。反复鼻出血也要就医，避免因失血过多造成贫血。

当小牙出现了“小情况”

从六七个月出牙，到两岁半左右 20 颗乳牙出齐，这期间常常会有一些“小情况”，让家长犯起嘀咕来：有大碍？无大碍？

怎么不按“顺序”出牙

乳牙自六七个月开始萌出，到一岁左右，中间的 8 颗牙就全露头了。可能家长会认为接着该萌出的是挨着侧切牙的尖牙（俗称虎牙）。然而，等来的却是第一乳磨牙。怎么不按“顺序”出啊？中间出现了“空位”，正常吗？其实，出牙的正常顺序，就是第一乳磨牙比尖牙先出。

牙出齐了，一笑就露出下牙床

正常的牙列，上排牙要比下排牙突出一点。如果相反，下排牙比上排牙突出，就成了兜齿，或叫“地包天”，一笑自然会露出下牙床。

出现兜齿，有遗传因素，但更多的是后天喂养不当造成的。宝宝过了一岁的生日，一般就能捧着奶瓶喝奶、喝水了。但毕竟小手还嫩，奶瓶和内容物的重量全压在上牙床上。如果家长完全放手，天长日久，上牙床的骨骼发育受阻，以致形成“地包天”。乳牙期的“地包天”，多数会延续下去，影响恒牙的排列。如果乳牙出齐后，是兜齿，就需要去口腔科检查，医生会酌情施治。而预防“地包天”，需要尽早训练宝宝用杯子喝奶、喝水，和奶瓶说“再见”。

乳牙萌出才几个月，上面就有了黑点

刚一岁多，乳牙萌出也就半年，怎么能被“蛀”了呢？只是黑点，想必无大碍吧？如果这么想就错了。黑点就是浅龋。浅龋不会自愈。浅龋可以发展成深龋，以致使牙齿崩解，剩下黑黑的残根。有一条值得重视的口腔保健知识：乳牙一萌出到口腔里，就要采取预防龋齿的措施。

预防乳牙外伤，善待“离体牙”

乳牙的牙根不如恒牙深，受到磕、碰，容易发生门牙松动或脱落，一般多发生在摔倒时，宝宝脸先着了地的情况下。若从宝宝学步开始就注意训练宝宝的平衡能力，不用学步车，一旦摔倒，手先扶地，情况就会好得多。另外，供宝宝活动的场地要平整，没有绊脚的东西。由于乳牙的牙釉质不如恒牙坚固，宝宝在啃咬较硬的东西时，容易损伤牙釉质，造成牙齿缺损。缺损处没有牙釉质的保护，易形成龋洞。若宝宝有啃咬东西的毛病，要及时制止。

善待“离体牙”

宝宝的牙如因意外掉了，要保护好离体牙，这是再植成功的前提。首先要小心用清水冲洗“离体牙”（手握牙冠，不碰牙根），切忌“刷”。冲洗后，切忌“擦干”，因为这样容易感染细菌。其次，“离体牙”最好是放在生理盐水或不加糖的牛奶中，找不到这些，家长可以把“离体牙”含在自己的舌下，使牙根保持湿润。切忌用纸包着或用手握着。最后，要带孩子及时就医。将“离体牙”重新植入牙槽窝内的时间距离掉牙的时间越短，牙齿再植的成功率越高。

牙再植后的护理

常用医生开的含漱液让宝宝漱口，不要刷牙。保持口腔清洁，防止因牙周组织发炎影响再植牙的成活率。一周之内，吃流质食物；一到两周，吃半流质、软食；两周后吃普通食物。但是要注意：一个月内不要用再植牙切、咬食物。

以下情况，也需就医。

牙没掉，但松动了。受到磕、碰，牙齿松动，感觉牙“伸长”了、“耷拉”了，也要去口腔科诊治，听取医生的处理意见。

牙脱落，时间已久。即使失去了再植的机会，也要去口腔科就诊。医生会对乳牙缺失后形成的空隙做适当处理，以免日后恒牙萌出时出现错位的现象。

第五章 其他疾病

新生儿黄疸

黄疸是因为血液中胆红素的浓度过高，继而将皮肤、巩膜（白眼珠）等染成黄色的特殊表现。新生儿出生到满月之间，家长要做一项非常重要的观察，那就是观察宝宝黄疸的一些情况，若怀疑有异常，尽早就医。新生儿期出现黄疸，有“生理性黄疸”与“病理性黄疸”之分。

生理性黄疸

胎儿时期，胎儿处在低氧的环境中，为了获得生存所需要的氧气，造血器官十分活跃，制造出大量的红细胞，携带着氧气，供胎儿使用。出生后，肺开始工作，氧气多了，就大量裁减红细胞。死亡的红细胞变成胆红素，胆红素是一种黄色的“染料”，可以把皮肤染黄（尿色不加深、粪便不发白）。这种“生理性黄疸”，一般在出生后 2~3 天出现，于出生后 4~5 天时颜色最深，以后就逐渐消退，于出生后 10 天左右褪尽。因为“生理性黄疸”不是病，不会影响宝宝的吃奶、睡眠。

病理性黄疸

在新生儿期（出生至28天），有好几种病都能引起黄疸。比如新生儿败血症、新生儿肝炎、母子血型不合引起的溶血症，等等。这些都是严重的疾病，不能耽误。因疾病引起的黄疸，一般出现早、进展快、颜色深、迟迟不消退，或消退后又出现黄疸，宝宝的精神、吃奶、睡眠都出现异常。

小贴士

“生理性黄疸”与“病理性黄疸”特点归纳

新生儿生理性黄疸：

- 出生后2~3天出现的皮肤、巩膜、口腔黏膜发黄。
- 手心、足心不黄。
- 尿色不加深、粪便不发白。
- 经7~10天消退。
- 精神、吃奶好。

新生儿病理性黄疸：

- 一出生就出现黄疸，并逐渐加重，迟迟不退。
- 黄疸退后又出现。
- 尿色加深、粪便发白。
- 精神差、吃奶差。

观察要点：

每天要在自然光下，看看宝宝的皮肤，注意皮肤的颜色、黄疸的消长。不能借助灯光来观察。

另外还需观察宝宝有没有发烧、吃奶少、哭声无力等异常情况，一旦有不吃、不哭、皮肤黄的情况，病情已严重。

惊厥，第一时间的救护

惊厥（俗称抽风），来得突然，症状吓人。宝宝一旦出现惊厥，往往会使家长惊慌失措，甚至可能做出错误的处理。第一时间的救护，关系着宝宝的安危。

分清是“有烧抽风”，还是“无烧抽风”

尽快给宝宝测体温。手头没有测体温的工具，就用手摸。摸宝宝的前额、颈、背都行，但不能摸宝宝手心。因为，惊厥多发生在体温骤升之际，此时末梢循环差，摸手心，家长感觉不出发烫，可能宝宝已是高烧。

若发烧，马上用小毛巾浸凉水，拧成半干，冷敷前额、腋下、腹股沟（大腿根）等处，降温。由于末梢循环差，可能出现“寒战”，为“真热假寒”。切勿加衣、加被去“捂”，热发散不出来，体温会更高。

保护孩子，避免因惊厥带来的伤害

不要搂抱着孩子。让其平卧，头偏向一侧，或侧卧，不要枕枕头。头偏向一侧，若出现呕吐，呕吐物不至于呛入气管、肺；惊厥时，身体抽搐，肌肉张力很大，可轻轻扶住宝宝，以免碰伤、摔伤。但是别紧按、摇晃、拍打，否则非但不能止抽，还会加重病情；大声呼叫产生的强噪声，也是恶性刺激；可将筷子或金属勺柄用纱布或手帕缠裹后，放在孩子上下牙之间，以免抽搐时咬着舌头。如果牙关紧闭，不能硬撬；抽搐停止，孩子已清醒，喝几口凉开水，若体温超过38.5℃，可服一次退烧药（按以前服过的量）。

观察、记住在惊厥发作时的重要细节

一般孩子被送到医院，抽风已经停止了。家长若能提供出以下细节，对医生的诊治有很大帮助：发生惊厥时的体温；是局部抽搐还是全身抽搐；抽搐持续的时间，是十几秒、几分钟还是十几分钟；抽搐止住后的精神状态。

春暖花开防过敏

随着空气中花粉浓度的增加，有花粉过敏症的孩子，开始喷嚏连连。也许有的家长觉得“不过多打几个喷嚏，无大碍”，但事实并非如此。花粉过敏症，是指花粉为过敏原，引起一系列的过敏症状，而最为多见的是“过敏性鼻炎”。

过敏性鼻炎与哮喘“本是同根生”

提到哮喘，没人会觉得它“无大碍”。然而过敏性鼻炎与哮喘，是“同一气道，同一类的疾病”。气道上端（鼻）出现过敏现象，可以诱使气道下端（气管、支气管）也过敏。早预防、早发现、早治疗过敏性鼻炎，可以降低哮喘的发病率。

细心观察，若为过敏体质，早发现

宝宝经常用小拳头揉眼睛、揉鼻子，哭泣时眉间泛红；脸上有湿疹；头皮上积着黄褐色的厚痂或鳞屑，俗称“脑门泥”；外耳道湿漉漉的，宝宝喜欢在大人怀里蹭耳朵止痒。如果有这种种迹象，宝宝很可能是过敏体质。另外，过敏性疾病有遗传因素。家族中有人有过敏性疾病，宝宝一出生，就需要进行干预。

细心呵护，从喂养着手

在 1 岁以前，宝宝肠道的屏障作用差，食物中的致敏原，容易进入血液，引起过敏。对“高危”宝宝，从喂养上要重视两件事：其一，母乳喂养；其二，慎选辅食。未满 1 岁，可加米粉、蛋黄、肝泥。而面粉、蛋清、鱼泥、虾泥、花生酱等要推迟到 1 岁以后再试着慢慢添加。通过细心呵护，改变过敏体质。

另外，花粉过敏有季节性，与天气有关，与绿化程度有关，与居室开窗通风的时间有关，与宝宝选择什么时间去户外活动有关。家长对这些关系应心中有数。

再者，寻求医生的帮助，进行脱敏治疗。

1~3 岁：防、治哮喘的关键期

如果哪个宝宝被诊断为哮喘，家长心中的压力可想而知。且不说“内科不治喘，外科不治癣”这句老话所反映出的“哮喘难去根儿”的特点，更有一些名人因哮喘急性发作而过世的新闻，使人谈“喘”色变。

现实更令人担忧，精装修、宠物热、汽车大量增多等生活环境的变化，这些都不利于哮喘的防治。如何保护宝宝，让他们远离哮喘？或者退一步说，治好哮喘？这其中的秘诀就是：抓住防、治哮喘的关键期——1~3 岁。

只咳不喘的哮喘

有一类不明显的哮喘，叫“咳嗽变异性哮喘”，其症状是：干咳、痰少，夜间、清晨咳重，运动、遇冷空气后咳重。这种哮喘特别不好治，什么消炎药、止咳化痰药都不见效。若用支气管扩张剂等抗哮喘的药物，症状将明显得到缓解。

建议家长这样做：

(1) 仔细想想宝宝出生后是否有“过敏性体质”的种种表现，比如有湿疹，经常揉眼睛、揉鼻子、抓耳朵，经常打喷嚏、流清鼻涕，睡觉时躁动。

(2) 联想父母双方是否患有过敏性疾病。若有，宝宝很有可能继承了这种基因。

若以上两项中具备一项，一定要带宝宝去检查是否为不典型的哮喘。切莫走“止咳”这一条道。若经诊断确系“咳嗽变异性哮喘”，要遵医嘱用药，切莫自行停药、换药。

虽然“喘”，但不是哮喘

哮喘的典型症状是：呼吸时有喘鸣声。但是 3 岁以下的宝宝出现“喘”的症状，不一定就是哮喘。

最为常见的一种病叫“喘息性支气管炎”，病因是病毒感染。患儿不一定是过敏体质，即便是过敏体质，只要不反复发作，也可避免日后发展成哮喘。

建议家长这样做：

(1) 发现宝宝的呼吸有异样，要去医院查明原因，针对病因进行治疗。

(2) 做好预防病毒飞沫传染的各种措施，比如保持居室空气新鲜，被褥经常晒，家长感冒了要戴口罩并尽量少接触宝宝，等等。

(3) 仔细想想，宝宝是否在吃豆粒、花生米等不易嚼碎的食物时，有过一阵剧烈的呛咳。异物呛入气管，坠入支气管，也可以出现“喘鸣”。如果宝宝有过呛咳史，一定要去医院检查。

“小喷嚏虫”，要预防哮喘

目前，国际上公认的理论是：过敏性鼻炎与哮喘是同一气道、同一类的疾病。上面的气道（鼻）过敏，可以诱使下面的气道（支气管）也过敏。据统计资料，哮喘病人中，伴有过敏性鼻炎的约占病人的70%。

宝宝常因以下原因过敏：

花粉。在花粉浓度高的季节里，宝宝在户外玩，喷嚏连连，可能对花粉过敏。

烟雾。家长在家抽烟，宝宝就打哈欠，那就是因为吸入了二手烟。

毛发。宝宝一挨枕头就打喷嚏，查查枕头的填充物是什么，如果是鸭绒的，换。

尘螨。宝宝坐在地毯上玩，流清鼻涕，八成是螨虫作怪。

建议家长这样做：

(1) 如果宝宝是“小鼻涕虫”，莫认定是体弱爱感冒。要带宝宝去医院变态反应科，查找过敏原，并积极治疗过敏性鼻炎。

(2) 做个发现过敏原的有心人。家长细致地观察、记录，得出的结论往往比医院的一些检查还准。

(3) 尽量清除一切过敏原。不铺地毯、不养宠物、不买毛绒玩具，用空调也要注意开窗通风等。

(4) 家长戒烟，退一步，吸烟要避开宝宝。

(5) 尽量回避“冷刺激”。不让宝宝穿开裆裤，以免冷风穿裆入；饮料不冰镇，常温最好。自夏天开始让宝宝用冷水洗脸，习惯冷刺激。

认识手足口病

认识它，进而做到：预防有措施，染病发现早，护理能到位，轻重能知道。

了解传播途径——有助于采取预防措施

引起手足口病的肠道病毒可通过“粪—口”途径和“空气飞沫”途径传播。需多处设卡，全面堵截：

(1) 勤洗手。对于喜欢做出“手—口”行为的宝宝，洗手防病是第一重要的事。

(2) 吃熟食，喝开水。

(3) 煮餐具、水杯，以进行消毒。注意水沸后再煮 10 分钟。

(4) 勤晒衣被、书籍、玩具。

(5) 不扎堆。少去人多拥挤、空气污浊之处。

了解症状——有助于早发现疾病

感染了引起手足口病的肠道病毒，经过几天的潜伏期，一般会出现发烧及以下症状：

(1) 口腔内疱疹。于舌面、牙龈、颊黏膜等处，散布着小疱。疱疹破溃，露出红色溃疡，宝宝会感到疼，口水增多。

(2) 于手指、脚趾、臀部等处，出现米粒大小的疱疹，躯干则很少。手足口病毒皮疹只出一拨（与水痘不同）。

了解病程特点——有助于护理到位

(1) 口腔疱疹会使宝宝畏食，因此病号饭要可口，忌硬、烫、酸、辣，以流质、半流质食物为主，少食多餐。

(2) 发烧时，切忌“捂汗”。

(3) 在家隔离养病期间，别让小朋友来家里玩。一来，避免把病传给别人；

二来，玩得兴起、过累，不利于康复。

了解并发症——有助于家长保持警觉

多数患儿经过治疗，在 1~2 周内就可痊愈。但有极少数出现并发症，比如心肌炎、肺炎、脑炎等。家长要密切观察病情，发现以下症状，及时就医。

(1) 高烧不退，精神很差。

(2) 频频呕吐，伴有嗜睡。

(3) 呼吸困难，烦躁不安。

(4) 脸色难看，发灰、发青。

小贴士

得过了手足口病，就不是易感者了吗

易感者是指体内缺乏对某种传染病的免疫力，病原体侵入后可能发病的人。由于目前尚无手足口病的疫苗，宝宝都是易感人群，尤其是3岁以下的宝宝。

有些家长认为，“我的宝宝得过一次手足口病了，应该不再是易感者了吧……”家长们可不要这样想，得过一次手足口病的宝宝仍存在被传染的可能，仍需积极预防。

“破译”口臭发出的信号

宝宝也会有口臭。口臭只是一种信号，它提醒家长要追问：“小嘴为什么会那么臭？”让我们来“破译”口臭发出的信号，进而找出发病原因来。

口臭，源于口腔内的疾病

龋齿、牙周炎或牙齿排列不齐，食物残渣滞留在龋洞、牙周袋或牙缝中，腐烂发出异味。

父母须知：小宝宝出牙后，家长可用纱布缠于手指上，每天为宝宝清洁牙面。每次吃完东西后，喂几口温白开水，也可起到清洁牙齿的作用；两岁左右应学会漱口，用力漱，多漱几次，而不只是把水含在嘴里；三岁左右应学会有效刷牙。

口臭，源于大便秘结

大便秘结，腐败之物不能清除，浊气上蹿引起馊性口臭。

父母须知：宝宝需要充足的饮水，避免大便干燥；蛋白质适量才有益。若宝宝光吃肉、蛋、奶，会排便困难，口中有馊味；训练宝宝定时排便，可利用生理上的“胃—结肠反射”（食物入胃，反射性地使结肠蠕动，产生便意），在早餐后 10 分钟左右，让宝宝坐便盆，排出宿便，一身轻松。

口臭，源于鼻腔的问题

鼻咽相通。鼻出血是小儿时期很常见的毛病。出血后，鼻腔内残留的血液成为细菌的培养基，细菌“吃饱喝足”，大量繁殖，发出异味。如果鼻孔里塞进了豆粒、花生米等异物，异物腐烂也会发出异味。

父母须知：膳食中不缺维生素 C，可以加强鼻腔黏膜血管的韧性，不易破裂出血；叮嘱孩子，不要挖鼻孔，有什么不舒服要告诉大人；发现孩子一侧鼻堵，怀疑是塞进了东西，别在家“掏”“钩”“捅”，去医院取异物。

口臭，源于张口呼吸

正常的呼吸是用鼻呼吸，进入气管的空气，经过鼻腔的湿润、清洁和加温的作用，温度、湿度得到调整，而且干净多了。若因种种原因，只能张口呼吸，气管失去了鼻腔的屏障，容易发生气管炎，使呼出的气体带臭味。

父母须知：感冒鼻塞，可用小毛巾沾温热的水，热敷鼻部；如果宝宝经常是白天张口呼吸，夜间鼾声大作，要带宝宝去耳鼻喉科做检查。常可查出“腺样体肥大”，需要按医嘱治疗，恢复用鼻呼吸。

口臭，源于代谢疾病或中毒

患Ⅰ型糖尿病的儿童，因血液中酮体升高，口中可有烂苹果的气味。有些中毒的情况，会出现特殊气味的口臭。

父母须知：患Ⅰ型糖尿病，大多有遗传因素。父母双方或一方为糖尿病患者，要有警觉，孩子可能受遗传因素的影响，自幼年发病。出现任何相关的症状（多饮、多尿、多食、体重下降），要立即带孩子就医。

苦杏仁中毒，口中有杏仁味；砷中毒，口中有蒜味……了解一些相关常识，有助于中毒的鉴别。

潮湿、闷热，务必防痱子

孩子长痱子，分为“白痱子”“红痱子”和“脓痱子”三种类型。

白痱子

新生儿或小婴儿长痱子，看上去是细小、透明的小水疱，颜色发白，分布密集。这种痱子一般不疼、不痒，两三天后小水疱可以自行吸收，留下一些白色的鳞屑。

对策：对新生儿、小婴儿虽应注意保暖，但不要保暖过度。衣服要宽松、吸水性强。若用凉席，上面铺块床单。尽量少抱着孩子，让宝宝自己躺着。

红痱子

比较大的孩子长痱子，痱子呈红色的小丘疹，以脸、颈、胸及皮肤有皱褶的地方最多，又疼又痒。

对策：可以将适量十滴水或藿香正气水倒入温水中，给孩子洗澡。忌“烫澡”和“冲凉”。在脖子、腋窝、大腿根等处，在洗过澡，用毛巾吸干水分后，可以扑少量痱子粉，但别用药膏。

脓痱子

又称痱毒，是痱子继发感染所致。在红色小丘疹的顶端出现黄色的脓头，常伴有发烧。

对策：给孩子修剪指甲，避免抓伤皮肤。一旦发生痱毒，要在医生指导下用消炎药和清热解毒的中药。切忌挤脓头。特别是长在后脑勺上的痱毒，还要小心别磕着、碰着，否则脓液扩散开，越长越多。内衣、毛巾等最好洗干净后再煮沸消毒，或暴晒。

护理好出水痘的宝宝

水痘是常见的传染病，一般病程约两周。但有少数患儿发生了并发症，病情加重。而这往往与护理不当有一定关系。护理出水痘的宝宝，要关注以下细节。

皮疹有特点：有疹、有疱，还结痂

掌握水痘皮疹的特点，有利于早发现，早治疗。水痘的传染性极强，没打过水痘疫苗的宝宝，接触了水痘患儿（甚至在潜伏期中），就能染病。但是对水痘的诊断不难：皮疹分拨出现，在发病的 3~5 天内皮损有疹、有疱、有结痂。

护理有重点：止痒、防抓，不落疤

若没有继发感染，水痘结痂后，痂皮脱落，不会落疤。如果继发细菌感染就不同了，感染会累及深层皮肤，落下浅疤。所以重点要止痒、防抓。除了使用医生开的止痒药水，还要给宝宝剪短指甲，勤换内衣，睡觉时戴上小手套。

食疗要讲究：不凉、不烫、稀软，有营养

水痘不是皮肤病，病毒可以侵犯口腔黏膜。适口的“病号饭”可以减少患儿畏食的情况。有的家长误认为水痘和麻疹一样，必须“出透了”才好，就盲目给病儿吃一些“透发疹子”的中药或食物（如香菜等），结果使患儿皮肤瘙痒加重，寝食难安。

观察要全面：密切监测体温、精神、呼吸等状况

水痘病毒产生的损害，不仅限于皮肤，肺、血液和神经系统等也受到侵犯。如果发现以下情况，应尽早就医：

正常的疱疹呈“露珠样”，若出现“血痘”（似石榴子）并伴有出鼻血，则为异常；高烧不退，精神极差；头痛，呕吐；咳嗽、喘憋。

重新认识麻疹

自从 20 世纪 50 年代，我国研制麻疹疫苗成功以后，原本猖獗的麻疹不再流行，并渐渐被人们所淡忘。然而，近几年患麻疹的病人增多，似乎有卷土重来之势。

麻疹，俗称“疹子”。一个人只要得过一次“疹子”，病后就获得了终生“保险”，体内的抗体使这个人不会再得第二次。这在书本上叫“自然自动免疫”。

医院是传播麻疹的重要场所

麻疹是呼吸道传染病。一个人从感染了麻疹病毒到出现症状，大约有一两周的时间，这段时间叫“潜伏期”。在“潜伏期”末期就具有传染性，患病的初期传染性更强。

麻疹的症状，有“烧三天，出三天，回三天”的特点，“出”“回”指的是皮疹。在发病的头几天，发烧、流鼻涕、流眼泪，这时家长不会带宝宝去传染病医院或者普通医院的传染科就诊。所以，普通医院的儿科候诊区，就成了容易发生交叉感染的场所。

病儿在哭、说话、咳嗽、打喷嚏时，喷出的飞沫悬浮在空气中，被近距离的人吸入，麻疹病毒就完成了传播。病儿的鼻涕、眼泪、唾液，粘在候诊椅上、门把手上、楼梯扶手上，经“手”也可以完成传播。

为了预防麻疹，家长带孩子到医院看病，尤其是在冬春季呼吸道传染病的高发季节，最好给孩子戴上口罩。还要看住孩子，别到处乱摸公用设施。回到家，脱去外衣（洗后再穿），用肥皂水洗手，大人和孩子都一样。

护理得当，减少并发症的发生

麻疹是因感染了病毒所引发的疾病，在治疗上没有什么特效药。但是，护理得当，可以减少并发症的发生。出疹过程讲究让皮疹自然出透，谓之“顺疹”。护理不当，皮疹出不透，很快隐退，谓之“逆疹”，常并发肺炎、急性喉炎、中耳炎等疾病。

切忌用“捂”的办法。“捂”，是指将门窗紧闭，厚衣厚被。室内污浊的空气极易使病中的宝宝会合肺炎等疾病。原本就发烧，再厚衣、厚被，极易发生高热惊厥。居室应空气新鲜，但是别让风直吹病儿身上。

别“封眼”，别“忌口”。出麻疹，眼分泌物增多，应该每天用温开水洗去分泌物，切勿让分泌物把眼封住。饮食应清淡，但并非不能吃“荤”。不要让病儿因为缺少维生素 A，引起角膜软化。

吃母乳的婴儿，继续吃母乳。不过，妈妈应戴上口罩，别忘了自己也是麻疹的“易感者”。

淋巴结的正常与异常

在给孩子洗澡时，摸到孩子的脖子上有“小豆豆”，正不正常？小孩子也能得恶性淋巴瘤吗？

脖子上的“小豆豆”就是淋巴结

淋巴结是人体淋巴系统的一部分，它的主要功能是产生淋巴细胞。侵入人体的病毒、病菌被淋巴管送到淋巴结后，被淋巴细胞吞噬。所以，人们把淋巴结比喻为“过滤器”，它们参与机体的免疫屏障作用。

从淋巴结分布位置上可分为深部淋巴结和浅表淋巴结两种。深部淋巴结分布在胸腔、腹腔内；浅表淋巴结分布在皮下，主要在枕部、耳前、耳后、下颌、颈部、腋窝、腹股沟等处。

家长提到的孩子脖子上的“小豆豆”，就是颈部淋巴结。

正常的淋巴结，绿豆或黄豆大小，摸上去不硬，孩子不觉得疼，淋巴结与下面的组织无粘连。更为重要的是，孩子体温正常，体重增长正常，能吃、能玩、能睡。

小儿常见的淋巴结炎

淋巴结内的淋巴细胞可以吞噬病毒、病菌。但当病毒、病菌来势汹汹，也会引起淋巴结炎，淋巴结肿大、疼痛。最为常见的当属颈部淋巴结炎。

因为，无论是头皮上长痱毒、外耳道长疖子、长口疮、闹嗓子，还是牙周炎，都会“惊动”负责头、面部“治安”的颈部淋巴结。在消灭病毒、病菌的过程中，淋巴结也会发炎、肿大。不过，当原发病（比如痱毒、扁桃体炎等）治好了，颈部淋巴结的炎症也会消退，肿大的淋巴结会缩小。

除了颈部淋巴结炎，头皮长痱毒，可引起枕部淋巴结肿大；扁桃体炎、牙周炎，可引起下颌淋巴结肿大；外耳道疖、外耳道湿疹，可引起耳前、耳后淋巴结肿大；上肢感染，可引起腋窝淋巴结肿大；下肢感染可引起腹股沟淋巴结肿大。

识别恶性淋巴瘤的早期信号

恶性淋巴瘤在 4 岁以上儿童中并非罕见，约占 4 岁以上儿童恶性肿瘤的十分之一。恶性淋巴瘤的早期信号：无明确原因的进行性淋巴结肿大，伴有低烧、消瘦。

请注意“无明确原因”这几个字。也就是说，排除一般感染引起的淋巴结肿大，也不是淋巴结核，也不是川崎病（又称皮肤黏膜淋巴结综合征）等可致淋巴结肿大的疾病。

还请注意“进行性淋巴结肿大”这几个字，也就是说，从淋巴结的大小上看，从“豆豆”发展到“蚕豆瓣”，再到“栗子”大小；硬度，从软到硬；从无粘连到有粘连。

早发现恶性淋巴瘤的三个关键

(1) 监测浅表淋巴结的状况。给孩子洗澡的时候，顺手从“枕部—耳前、耳后—下颌—颈部—腋窝—腹股沟（大腿根）”，摸上一遍，至少每月一次。注意淋巴结的大小、软硬、有无压痛、有无粘连。

(2) 监测体重。如果出现不明原因的体重不增，甚至下降，要予以重视。

(3) 监测体温。正常体温低于 37.4℃。如超过 37.4℃，不足或等于 38℃，为低热，切勿认定孩子是“有火”，败败火就行了。如果一日中体温最高不及 37.4℃，但一日之内体温波动的幅度大于 1℃，也要引起重视。

“豆豆”和“蚕豆瓣”

脖子两边的“豆豆”

皮皮的妈妈在给皮皮换衣服时，突然发现在皮皮脖子的两边、皮肤下面，有几颗小“豆豆”。摸上去不硬，还能活动。皮皮妈被这个发现吓了一跳：怎么长出淋巴结来了？听皮皮的姥姥说过，舅姥爷小时候脖子上长“豆豆”，“豆豆”破了，总不封口，当时叫“鼠疮”，也就是现在所说的“淋巴结结核”。

可是，皮皮打过卡介苗了呀，怎么脖子上还会长“豆豆”？问过医生，皮皮妈心里踏实了。医生说，人人都有淋巴结，淋巴结是免疫系统的一部分。“巡逻”在淋巴管中的淋巴细胞，一旦发现入侵的病毒、细菌，就会把它们“擒拿”，送到附近的淋巴结中归案。对孩子来说，头皮、外耳道、口、鼻，是病毒和细菌入侵的主要渠道，而这些“地区”都属颈部淋巴结的“治安范围”。所以，无论是头皮上长痱毒、外耳道长疖子、长口疮、闹嗓子，还是牙龈发炎，都会惊动颈部淋巴结，其结果，一方面是“入侵者”被擒拿归案，有益于消炎；另一方面会出现颈部淋巴结增大。这种增大很常见。

后脑勺上的“蚕豆瓣”

姗姗有点“感冒”，发烧、流鼻涕。也就半天工夫，脸上、脖子上就有了疹子，很快身上也有了。可到了第二天，疹子又几乎全退了。

姗姗妈打电话问孩子的姑姑，姑姑是儿科大夫。姑姑听了病情介绍，对姗姗妈说：“去摸摸孩子的后脑勺，靠下，左右两边是不是有‘蚕豆瓣’大小的疙瘩。”一摸，果然有。“孩子是出了风疹。风疹是由风疹病毒引起的传染病。风疹‘来得快，去无踪，好似刮过一阵风’‘退烧快、症状轻’‘后脑勺的蚕豆瓣是佐证’。”姑姑的“顺口溜”让姗姗妈放心了。照着姑姑说的，让姗姗好好躺着休息，多喝水，吃些清淡的东西，病很快就好了。

细说“打嗝”

打嗝，缘于膈痉挛。膈是胸腔与腹腔之间的膜状肌肉，它像个倒扣着的浅浅的大碗，向上托着肺和胃，向下护着肝脾和肠。当膈受到某些刺激，出现不自主的异常运动，同时伴有急促的吸气和声门紧闭，就会发出打嗝的声音。宝宝不断打嗝，最为常见的原因有三个。

护理不当，受到风寒

寒冷的刺激引起肋间肌突然收缩，牵连到膈，就会引起打嗝。冬春季，让孩子穿上长长的棉背心，暖胸又暖腹。夏季，宝宝睡觉时戴个肚兜，胸、腹免于受凉。夏秋交替之际，不穿塑料凉鞋、拖鞋，脚不受凉。

饮食不当，胃胀、胃凉

宝宝满周岁了，会自己捧着奶瓶喝水、喝奶了，但毕竟手劲儿小，奶瓶一歪，嘬进不少的空气。胃胀，刺激膈。贪吃冷食、冷饮，使胃的血管收缩，也会殃及下面的膈。其实，宝宝满周岁后，可以训练用杯子喝水、喝奶，别再用奶瓶；冷食、冷饮，少量地吃，别吃得太急，可以预防膈痉挛。

大哭、大笑，膈疲惫不堪

宝宝大哭不止，妈妈要分析宝宝为什么哭，然后采取正确的对策。而有的大人喜欢挠宝宝的胳肢窝、挠宝宝的脚心，让宝宝咯咯地笑个不停，这是不可取的。大哭、大笑，都会使膈疲惫不堪，稍受刺激就嗝声不断啦。

提供一些能止住打嗝的好点子：因受风寒所致，可在心口窝部位放个热水袋；因贪食冷食、冷饮引起，可鼓励宝宝连连大口喝温开水，把嗝压下去；用玩具或音乐，转移宝宝的注意力，“忘掉”打嗝（但需耐心）；按压手上的合谷穴。

肚子疼原因多多

宝宝喊“肚子疼”，是常有的事。作为家长，最为重要的是要能分辨出轻重缓急。因为有些“肚子疼”，经过调理就能好，有些非去医院不可。

发生在“饭口”的“肚子疼”

吃饭了，宝宝没吃几口就喊“肚子疼”，奔向卫生间“拉臭臭”。食物入口，反射性地引起肠蠕动加剧，引起“便意”，称为“胃—结肠反射”，年龄越小越明显。只要耐心培养宝宝“定时排便”的习惯，就能“治”这种“肚子疼”。

与冷刺激有关的“肚子疼”

腹部受寒，比如冬天，宝宝穿开裆裤，寒风穿裆入；比如夏天贪凉，在空调房里或吹风扇时，没注意腹部保暖，冷刺激引起肠痉挛；内寒，来自寒冷的饮食、冰凉的饮料和水果。任何季节，都要做到腹部保暖。夏季饮食宜清凉，但清凉不等于冰凉，应喝常温白开水；从冰箱取出水果，等到水果不冰牙了，再给宝宝吃。

与心理因素有关的“肚子疼”

宝宝上了幼儿园，常因为“肚子疼”被家长接回家。一到家就活蹦乱跳，毫无病态。别轻易认为宝宝是“装病”。宝宝入园后紧张、不安，使植物神经的功能紊乱，可以引起“肠痉挛”而腹痛。加快适应集体生活，“腹痛”自愈。

非去医院不可的“肚子疼”

由于“腹痛”的病因复杂，表现各异，有的“腹痛”，尤其是“急腹症”，应立即就医。所以家长切勿认为只要是肚子疼，给宝宝揉揉肚子、喝点儿热水，就都能管事。如果宝宝肚子疼时，出冷汗、脸苍白、蜷着身，不让按肚子，伴发烧、伴呕吐、伴便血等情况，均要尽快就医。

提防“尿路感染”

对小儿来说，“尿路感染”其实是种常见病，不得不防，尤其是女孩。由于女孩尿道短，尿道口又距离肛门很近，便于细菌自尿道进入体内，引起“上行性泌尿道感染”；男孩虽然不如女孩的发病率高，但是有包茎的男孩可因包皮积垢，引起“尿路感染”。

宝宝得病，全身症状明显

提到“尿路感染”，人们会想到尿频、尿急和尿疼的症状。但是，宝宝尤其是婴幼儿，主要表现为全身症状，如发烧、腹泻、呕吐、烦躁等，尿频、尿急可有可无，尿疼则不会表达。肠胃不适和发烧最为常见。也可能表现为不常尿床的孩子尿床了。只要给宝宝查个尿常规（接中段尿）就能明确地做出诊断。得了“尿路感染”，医生会针对细菌的种类选择抗菌素，药量、疗程都要遵医嘱。

病治好了，为何还频频上厕所

病好了，有的宝宝却仍然需要频频上厕所，而玩得高兴、精神集中的时候就会“忘了”跑厕所。这是一种“心理依赖”的表现，慢慢会恢复正常的。

预防尿路感染，关注五个要点

(1) 充足饮水。不要等口渴才喝几口水，尿自肾形成，自上而下冲刷尿路。

(2) 清洁外阴。不仅女孩要注意外阴的清洗，男孩若有包茎，也应清洗包皮垢。

(3) 穿满裆裤。开裆裤方便了排尿，也方便了细菌入侵体内。

(4) 平衡膳食。适量的维生素 C、维生素 A（或胡萝卜素），有维护泌尿道健康的作用。

(5) 治疗彻底。急性泌尿道感染，若治疗不彻底，一旦转为慢性，会造成肾的损害。所以治疗要彻底。

宝宝为什么“滴答尿”

三四岁的宝宝，憋不住尿，总跑厕所，每次却尿不出多少，跑不及就漏尿在裤子上。人们把这种现象叫“滴答尿”。

出现“滴答尿”，也许是由疾病引起的，也许根本没病，只是从小接受的“排尿训练”的方式不妥，而落下的“毛病”。

由疾病所致

常见的病因有三个：

(1) 泌尿道感染 。 多发生在女孩身上，有发烧、尿频、尿急和尿痛的症状。

(2) 包皮垢的刺激。 三四岁以上的小男孩，包皮与阴茎头之间出现空隙，包皮垢存储在空隙里，刺激阴茎头，出现“尿频”。

(3) 蛲虫惹的祸。 蛲虫又名线头虫，寄生于人体的雌虫，在夜间自肠道移行至肛门周围产卵，致肛门奇痒，并刺激外阴，使小儿遗尿。

因“排尿训练”不当所致

有的家长自己爱干净，又勤快，对宝宝的“排尿训练”本着早把尿、勤把尿，早坐盆、勤坐盆的原则。宝宝刚过一岁，就给买来了漂亮的小马桶。“有尿了吗？尿尿去。”在大人频频的提醒下，宝宝几乎把小马桶当小椅子坐了，一个小马桶，多个用途，兼做玩具，边玩边尿。

这种“排尿训练”变成“频尿训练”了，导致宝宝不会憋尿，不会尿大泡，造成“滴答尿”的现象。

怎么训练宝宝尿大泡

不要限制宝宝饮水。有了充足的饮水量，才有可能尿大泡。更何况，少喝水对健康不利。

进行憋尿训练

方法是，鼓励宝宝，当有了“尿意”的时候，先尽量憋一会儿，实在不行了再上厕所。

练习“中断排尿”

方法是，在排尿的过程中，中断几次，最后尿净。这种方法是训练大脑司令部的控制作用，想开“闸门”、想闭“闸门”都行。

教会宝宝“收缩肛门”

这是锻炼骨盆底的肌肉，加强肌肉对膀胱的支撑作用，有益于减少“漏尿”。

帮宝宝树立信心，克服自卑

宝宝偶尔尿裤子了，不要小题大做，应该淡化处理，更不该给扣上“遗尿症”的大帽子。

遗尿症是指：幼儿在5岁或5岁以上，仍不能控制排尿，经常夜间尿床，白天尿裤子。所谓“经常”，是指5岁宝宝每月至少有2次遗尿，6岁宝宝每月至少有1次遗尿。

还要提醒的是，因贪玩“憋尿”不可取。有的宝宝因为贪玩，有尿总憋着。而经常长时间憋尿，会增加患泌尿道感染的机会。所以，不会憋尿或长时间憋尿都得改。

关注宝宝外生殖器的健康

小小子常见的“小麻烦”

睾丸未到“家”

睾丸刚一形成，是在胎儿的腹腔里。临近胎儿出生的几个月，睾丸开始逐渐下降，往将来定居的地方靠近。一般来说，绝大多数男婴一出生，双侧睾丸就都到“家”了，这个“家”就是阴囊。

为什么睾丸一定要定居在阴囊里呢？原来，睾丸是个对环境温度十分挑剔的娇嫩器官，最适于它生长发育的温度比体温低 2℃ ~3℃。阴囊是最好的温度调节器，是理想的“家”。

有的男婴，出生后一侧或双侧的阴囊里面没有“房客”，从外观上看，显得小些，被称之为“隐睾”。这样的情况下，有的睾丸还可能自动往下降，虽然迟了些，但能自己到“家”；有的就待在中途，不动了。不管如何，如果宝宝八九个月大了，睾丸还未到家，就该找医生看看，不能久等。没有“家”的保护，睾丸易受伤，也发育不好，甚至可能产生严重的问题。

排尿“起泡”、小歪鸡

有的小小子，每次尿尿，小鸡鸡就会胀起来，包皮被撑得发亮，被称作“起泡”；尿流不仅细，还歪着，常常会尿湿一条裤腿，被称作“小歪鸡”。这一切，都是因为“包茎”引起的。

“包茎”是指包皮口狭小，紧紧包住阴茎头，以致不能将包皮向后翻。有包茎，排尿不畅，就会出现“起泡”“尿尿歪”的现象。尿垢长期积存在包皮里，易发生包皮炎，又疼又痒，孩子就可能忍不住要用手去抓小鸡鸡。

关注小小子外生殖器的健康，预防包皮炎，有三点需要注意：

(1) 小男婴，包皮与阴茎头之间有些粘连是正常的。清洗时不必去翻包皮。

(2) 1 岁左右，包皮松动，易积垢。清洗时，用拇指和食指拿捏住阴茎中部，向上轻柔地撸起包皮，让阴茎头露出来。用温水把白色的尿垢洗净。洗完，一定要让包皮回复原位。如果阴茎头发炎红肿，可以用消毒棉签蘸高锰酸钾（俗称灰锰氧）溶液，清洁阴茎头，早晚各 1 次。

⑶ 快 1 岁了，包皮仍紧包着阴茎头，一定要找医生看看。否则，就会出现前面文中提到的现象。

小丫头常见的“小麻烦”

外阴阴道炎

发生外阴阴道炎，外阴红肿、阴道分泌物多。小小的年纪怎么会得此病？原因大致有三：

⑴ 直接和污物接触。比如，穿开裆裤坐地；擦大便的方法不对。

⑵ 间接受到感染。护理宝宝的女性，自身患有霉菌性阴道炎、淋病等，通过手、浴盆、浴巾等把病原体传给孩子。

⑶ 女孩有蛲虫病。蛲虫的雌虫夜间至肛门附近产卵，使肛门奇痒。孩子抓痒，抓破会阴部的皮肤，引起炎症。

小阴唇粘连

外阴阴道炎未得到及时治疗，就可能造成小阴唇粘连。一排尿，孩子就喊疼，排尿费劲，尿不成线，“滴答尿”。预防“外阴阴道炎”和“小阴唇粘连”，除了穿封裆裤、擦大便注意自前向后之外，给孩子清洗外阴时，要会“用水”：

⑴ 用“温水”。年幼的宝宝会阴黏膜薄嫩，水太热可损伤黏膜，大人用手试着水温不凉就可以了。

⑵ 用“熟水”。把开水晾至温度合适。不要用加温的自来水，或在开水中兑入凉水。

⑶ 用“清水”。不用肥皂，以免因刺激产生不适。

先天性喉喘鸣

什么是“先天性喉喘鸣”

所谓“喘鸣”，是当吸气时，喉头会变形，向内陷，使喉腔变狭窄，发出类似呼噜的“咕咕”声，同时胸骨上窝明显下陷。

“先天性喉喘鸣”，毛病出在喉软骨上。喉软骨是喉腔的软骨支架，有了它的支撑，就为空气出入喉部，提供了足够的空间。

虽然说是软骨，但也需要一定的钙化程度，才能有适度的硬度。如果在孕期，孕妇体内缺少维生素 D，钙的吸收不好，胎儿的喉软骨太软了，出生后就可能是“先天性喉喘鸣”。

“先天性喉喘鸣”的特点

睡着了，重；醒着时，轻；仰卧时，重；侧卧时，轻；哭闹时，重；安静时，轻。还特别容易呛奶。

这种病，不会让宝宝发烧，并且虽说是喉部的病，哭声并不嘶哑。

有这种病，是否就应该避风、少出屋

当然，如果得了呼吸道感染，会使症状加重。但是，避风、不出屋，并不能就保证孩子不感冒。满月后，只要天气好，应该抱宝宝到户外晒晒太阳，收获维生素 D，使乳类中的钙能被吸收利用，让喉软骨变硬，症状也就逐渐消失了。

对于经常呛奶的宝宝，可以每次少喂些，多喂几次。

先天性心脏病

先天性心脏病（简称先心病）是小儿最常见的心脏病，但如能及时发现，及时治疗，有望还宝宝一个健康的心脏。

先天性心脏病的类型

临床上常依据有无紫绀将先心病分为紫绀型和非紫绀型两类。

有一点必须说明：医生诊断先心病，并非以听诊时听到“杂音”为主要依据。所谓“杂音”，是指正常心音以外，持续时间较长的声音。杂音的产生可因血流快或有旋涡，使心壁或血管壁发生震动所致。有的杂音是病理性的；有的杂音是生理性的。不可以简单地说“有杂音就是有心脏病”。但是，听诊发现杂音，会提示医生进一步对心脏做更详细的检查。

家长要善于发现“蛛丝马迹”

作为家长，要做到监护的义务，一旦发现一些蛛丝马迹，就带宝宝去医院就诊。避免宝宝病已缠身，家长却全然不知；或者已经出现先心病的蛛丝马迹，却没往“心脏”上去想。

紫绀型先心病，典型的症状是“青紫”（嘴唇、脸色等）。特别是在宝宝哭闹时，两颊、口唇呈青紫或暗红色。这些却被有的家长认为是“血色好”，或宝宝天生“气性大”，倔脾气。有的家长则认为，自己的孩子特别怕冷，所以口唇、鼻尖总是青紫的。

“经常呛奶”“喂养困难”“生长发育迟缓”有时也是先心病的症状。有的宝宝吃顿奶就累得呼吸急促，还经常呛奶。吃得少，自然长得慢。吃得少，自然抵抗力差，经常感冒，而且几乎每次感冒都挺重。遇到这些情况，切忌认为“宝宝胃口小，长大点就会好”。还是带宝宝上医院做个全面的体检。若真查出先心病来，也为治疗赢得了时间。

春暖，重温甲型肝炎

春季到来，小儿甲型肝炎的发病率开始抬头。预防甲肝与预防其他肠道传染病一样，把住“病从口入”这一关就行。至于小儿患甲肝的症状，人们的了解似乎有些模糊。然而这种模糊，常常会贻误早期诊断，影响到病儿的康复。

了解甲肝症状，有助于早发现疾病

热。发烧，可为低烧，也可能为高烧，病初常被认为是感冒。

蔫。一向顽皮、好动的孩子变蔫了。即使烧退了，也不想玩。

腻。厌腻，比如对平时爱吃的炸鸡、薯条等油大的食物，感到恶心。

疼。孩子会说“肚子不舒服”，其实是一种“胀疼”，这是由于肝细胞发炎肿大，而包裹在肝脏外面的肝被膜不会随之增大，好比“人胖了，衣服瘦了”而产生的不适。

黄。小儿患甲肝，多数为黄疸型肝炎，皮肤、巩膜被染成黄色，同时尿色加深似浓茶，大便则呈白色。

症状已然出现，为何“视而不见”

主要原因是把症状一个个孤立起来了，比如，认定发烧是因为感冒；恶心、呕吐，是吃伤了；肚子不舒服，是消化不好……没有把它们当成一组症状，同时也忽略了孩子精神、食欲、体力、肤色、尿色等出现的变化。

病儿康复的两大支柱：睡眠与饮食

充足的睡眠。孩子活泼好动，可以允许他每天下地玩会儿，但仍要以卧床休息为主。因为采取卧位，肝脏的血流量增加，有利于肝细胞的修复与再生。

合理的饮食。足够的优质蛋白质，有利于肝细胞的修复与再生。牛奶、鸡蛋、鱼、禽等都可。但是也要注意蛋白质并非越多越好，过多反而加重肝脏的负担。

稚嫩的肾，需要呵护

宝宝的肾，非常稚嫩。这样稚嫩的肾要完成多项生理功能，帮助机体排出新陈代谢产生的一些废物。作为家长，如何呵护宝宝稚嫩的肾？以下从饮食、护理、防病等方面，支几招儿。

莫让“高蛋白”给肾添重担

别认定“高蛋白”就是营养好。宝宝爱吃鸡蛋，就让他随意吃；宝宝爱喝牛奶，就让他拿牛奶当水喝……这不是疼爱孩子，而是折磨孩子的肾脏。因为过多的蛋白质代谢后的废物，都要由肾去处理，肾负担太重了。

饮水要充足，饮料要筛选

很多宝宝非等渴极了，才想起要喝水。饮水不足，尿液浓缩，是形成结石的一个诱因。要经常提醒孩子喝水，让肾脏总有尿液分泌出来，对泌尿系统起冲刷作用，即便有小的结石也待不住，被冲下去了。宝宝的主打饮料应该是白开水。

补钙要适量，菠菜去草酸

如果是较合理的膳食，其中就已经含了不少的钙，再额外补，就过量了。过多的钙与肾结石的形成有关。比如，草酸钙结石，就是过多的钙与过多的草酸相结合形成的。菠菜含草酸多，烹调前先焯一下，去掉部分草酸。其他还有冬笋、茭白、冬苋菜等，由于含草酸较多，婴幼儿不宜多吃。

护理要得法，有效防感染

婴幼儿的尿道比较短，特别是女孩。如果外阴不洁，病菌很容易由尿道口进入体内，逆行至膀胱、肾脏，这种感染的方式叫作“上行性泌尿道感染”。护理得法，是预防“上行性泌尿道感染”的有效措施。

皮肤感染与急性肾炎

每到夏末秋初，儿科病房里收治的急性肾炎患儿明显增多。询问这些患儿的病史，几乎都曾在大约半个月前出现过皮肤生疮长疖的现象。有的生过脓疱疮；有的因为光脚穿鞋，脚被磨破了，继发感染……医生说，脓疱疮等皮肤感染，是急性肾炎的“前驱病”，与相继发生的急性肾炎有关。

急性肾炎，虽然有个“炎”字，但这种病与泌尿道感染是两回事。当引起“前驱病”的病菌中有溶血性链球菌，这种细菌释放的毒素就会不断骚扰人体的免疫系统，导致免疫功能异常，以致出现急性肾炎等变态反应性疾病。急性肾炎的典型症状是：

浮肿。最早出现在面部，尤其是眼睑，早晨特别明显，孩子可能会说“睁不开眼”“眼皮发沉”。

血尿。能看出来尿呈洗肉水样或棕红色，称“肉眼血尿”。只在显微镜下才能发现的血尿，称“镜下血尿”。但是，当孩子会自己上厕所了，即使有“肉眼血尿”，也可能迟迟无法引起家长注意。

高血压。表现为头痛、恶心、呕吐、烦躁等症状。由于家庭没有给孩子监测血压的意识，当医生告知孩子血压高时，家长常大呼意外。

这就提醒家长：如果孩子患了脓疱疮等皮肤病，病后两三周内，家长要主动给孩子留尿（清晨第一次的中段尿），尽快送到医院做尿常规检查，有助于早发现急性肾炎。

预防“前驱病”可以减少患急性肾炎的风险

夏季预防皮肤感染，要重视“三防”：

(1) 防淹沤。淋雨、玩水后，要洗澡，换上干净的衣服、鞋袜。

(2) 防传染。不要和患脓疱疮的小朋友一起玩，以免被传染。

(3) 防瘙痒。防蚊、灭蚊；防痱、治痱。以免宝宝抓破皮肤，继发感染。

癫痫防治从小儿开始

由于癫痫病中小儿的发病率最高，所以对该病的防治要从小儿开始。专家呼吁，要对患癫痫的儿童进行积极的治疗，而积极治疗的前提是“早发现、早就医、早诊断”，要落实这个前提，必须提高家长对癫痫病的认识。

常被家长忽视的一种癫痫发作——失神小发作

癫痫，俗称“羊角风”，发作时突然倒地抽风，口吐白沫，不省人事。但是，这种“大发作”其实只是癫痫的一种发作类型。切勿认为“不抽风”就不是癫痫。比如，小儿癫痫“失神小发作”就更为多见。

失神小发作的特点是：突然发生短暂的“失神”，语言中断，动作停止。比如正端着碗吃饭，把碗摔了；正聊着，话突然中断。有人称之为“灵魂出窍”。发作一般不超过 30 秒钟，然后继续发作前的活动，似乎什么都没发生过。

“屏气发作”不是癫痫

“屏气发作”又称“呼吸暂停症”，多发生在 2 岁以下的婴幼儿身上。其特点是：不如意、疼痛、恐惧为常见的诱因，表现为先是大声啼哭，然后在某次呼气时突然屏气，出现脸色青紫和意识丧失的状况，1 分钟左右缓解，困倦入睡，醒后一切正常。若查脑电图则正常。随着年龄增长，“屏气发作”会自行消失。

“屏气发作”不是癫痫，将来也不会转变为癫痫。

婴儿时期经常“抽火风”，日后有可能出现癫痫

“抽火风”是人们对“高热惊厥”的俗称。“高热惊厥”是指高热（体温达到或超过 39℃）引起的抽风。婴儿期，若反复发生“抽火风”，且每次抽风时间持续较长，就有可能成为癫痫的诱因。当自己的小宝宝第一次因为发高烧引起抽风时，家长要问问宝宝的爷爷奶奶、姥姥姥爷，自己小时候是否也发生过“抽

火风”的事儿。因为“高热惊厥”存在着遗传倾向。如得到的答复是“你小时候抽过火风”，那么对自己的小宝宝感冒发烧时的护理就要格外上心了。一旦小宝宝感冒了，别让低烧发展为高烧，预防再次发生“高热惊厥”。

提防一种特殊的癫痫——“光源性癫痫”

有的宝宝在看电视，玩电脑时，当荧屏上出现快速变幻的闪烁影像时，突然诱发“羊角风”，这是一种类型的癫痫，叫“光源性癫痫”。平日，宝宝看电视、玩电脑游戏，家长要控制时间，避免孩子长时间受强光、强声的刺激。

糖尿病与儿童

在家长的心目中，也许糖尿病与儿童似乎没什么联系，没听说过、没往那儿想过。毕竟，Ⅰ型糖尿病（又称儿童糖尿病）并不多见，至于Ⅱ型糖尿病，在印象中那是中老年人的常见病。

然而，全球糖尿病发病的现状显示，儿童患Ⅱ型糖尿病的人数在逐年增长，要扼制这种发展的势头，需要每位家长认识这种病，尽力为宝宝提供良好的生活方式，塑造健康的“新陈代谢模式”。

作为家长，我们应该做什么?

一提起糖尿病，无论Ⅰ型还是Ⅱ型，都受遗传因素的影响。确实，如果一个宝宝出生在有糖尿病家族史的家庭里，就有了一种身份：“高危儿童”。然而，“高危”不等于“就是”。无论Ⅰ型还是Ⅱ型糖尿病，遗传的是“易感性”，不是糖尿病本身。这种“易感性”只是内因，内因要通过外因起作用。如果只有内因，但在孩子成长的过程中，不具备外因，那就是一个健康孩子。

另一方面，即便不具备遗传的“易感性”，但后天诱发糖尿病的“外因”十分“完善”，也可能患糖尿病。“命”，不易把握；“运”，后天的运作却可以把握。那就是要“达到两个目标”“通过三项措施”，并且“有四个警觉”。

达到两个目标：保护胰岛，别让它超负荷工作；维护“靶子”，别让它消极怠工

胰岛，胰腺里能分泌胰岛素的细胞群。胰岛的作用是：把血液里的葡萄糖运到细胞中去，为细胞送去给养；把血液里的葡萄糖运到肝脏中去，变成糖元，储存起来备用。如果胰岛受了损害，胰岛素少了或断流了，就会引起以血糖升高为特征的代谢性疾病——糖尿病。

“靶子”，在细胞中专门接受胰岛素的结构。如果“靶子”的数量低于正常，或是怠工，与胰岛素的亲和力下降，同样会使血糖升高。

保护胰岛、维护“靶子”，最主要的是在育儿过程中，让孩子从小形成良好的“新陈代谢模式”，或称“新陈代谢印记”。“模式”形成后，待孩子渐渐长大，到了“我吃什么我做主”的时候，良好的“印记”会产生“惯性”，让孩子远离糖尿病。

通过三项措施:使儿童体内的代谢保持良性循环,形成良好的“模式”

(1) 坚信母乳喂养的好处。有研究资料表明，新生儿、小婴儿未用母乳喂养，当机体受到病毒侵袭时，易发生不利于胰岛的免疫变化，这可能与牛奶蛋白质有关。母乳喂养是使宝宝的新陈代谢进入良性循环的第一步。

(2) 坚持让孩子有适量的运动。运动是不可缺少的健康投资。让宝宝从小养成喜爱运动的生活方式。让热量的收支达到动态平衡，拒绝肥胖。研究糖尿病发病机理的学者指出:肥胖的人,脂肪细胞个儿大,细胞内的“靶子”相对被“稀释”，与胰岛素的亲和力下降，这就逼胰岛超负荷工作，最终就可能被累垮了。

(3) 坚决抵制那些不健康“美食”的诱惑,形成健康的口味。盐多、糖多、油多，是构成各种美食的基本要素，也是构成代谢疾病的饮食要素。要让孩子从小养成健康的口味，少盐、少糖，味蕾也感到满足，油不大也觉得香。

要有四个警觉：早发现糖尿病

(1) 皮肤清洁做得好，却经常“生疮长疖”。

(2) 多尿，尤其夜间。多尿导致多饮。

(3) 吃得多又不腹泻，体重却不升反降。

(4) 对“高危儿童”、肥胖儿，早做医学干预。